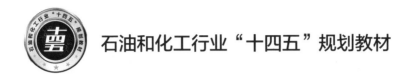

石油和化工行业"十四五"规划教材

建筑消防安全与火场自救

黄冬梅　主编

何豪　梁晓瑜　副主编

U0367638

化学工业出版社

·北京·

内容简介

《建筑消防安全与火场自救》结合建筑内部火灾发生发展过程、不同建筑火灾特点等阐述建筑防火结构及消防设施、疏散逃生设施、火场人员心理行为及急救基本知识、人员疏散及逃生自救方法等。全书共 7 章，包括绪论、建筑火灾基础、建筑防火、火灾探测报警与灭火技术、火场人员疏散与逃生、安全疏散及逃生救生设施、建筑火灾火场逃生自救方法等。本书还重点介绍了常见消防、疏散设施以及相关领域内近年来的新型灭火和逃生装备。

《建筑消防安全与火场自救》可作为安全工程专业教材，也可作为安全类通识课的辅助教材，还可以供相关专业人员参考阅读。

图书在版编目（CIP）数据

建筑消防安全与火场自救 / 黄冬梅主编；何豪，梁晓瑜副主编. — 北京：化学工业出版社，2024.1
ISBN 978-7-122-44531-5

Ⅰ. ①建… Ⅱ. ①黄… ②何… ③梁… Ⅲ. ①建筑物-消防-安全管理-教材②火灾-自救互救-教材 Ⅳ. ①TU998.1②X928.7

中国国家版本馆 CIP 数据核字（2023）第 219512 号

责任编辑：高　震　　　　　　　文字编辑：段曰超　师明远
责任校对：边　涛　　　　　　　装帧设计：韩　飞

出版发行：化学工业出版社
　　　　　（北京市东城区青年湖南街 13 号　邮政编码 100011）
印　　刷：北京云浩印刷有限责任公司
装　　订：三河市振勇印装有限公司
710mm×1000mm　1/16　印张 12　字数 192 千字
2024 年 11 月北京第 1 版第 1 次印刷

购书咨询：010-64518888　　　　　售后服务：010-64518899
网　　址：http://www.cip.com.cn
凡购买本书，如有缺损质量问题，本社销售中心负责调换。

定　　价：48.00 元　　　　　　　版权所有　违者必究

前 言

党的二十大报告指出："坚持安全第一、预防为主，建立大安全大应急框架，完善公共安全体系，推动公共安全治理模式向事前预防转型。推进安全生产风险专项整治，加强重点行业、重点领域安全监管。提高防灾减灾救灾和重大突发公共事件处置保障能力，加强国家区域应急力量建设。"火灾是威胁公共安全、严重危害人民生命财产和社会发展的灾害之一，在各种灾害中，火灾是最普遍和发生频率较高的一种。随着经济发展和人们生活水平的提高，高层建筑、地下建筑、公共娱乐场所、大型商场的数量与日俱增，用火、用电、用气量增加，火灾危险性随之提高。做好消防安全工作是社会经济发展、人民安居乐业的重要保障。火场自救以人为本，当被困火场生命受到威胁时，了解消防设施的设置情况及基本使用方法，基于以往火场心理变化进行的教育形成过硬的心理素质，掌握必要的逃生知识，便可进行合理自救，最大限度地减少火灾造成的人员伤亡。

本书从火灾基本理论出发，对建筑防火结构及消防设施、疏散逃生设施、人员心理行为及火场急救基本知识、人员疏散及火场逃生自救方法等方面进行了系统阐述，并且向读者介绍最新的消防安全研究成果及火灾自救新方式新方法。

全书共7章，各章安排如下。

第1章介绍火灾基本概念，按照建筑用途及建筑高度对建筑进行分类，介绍其危险等级以及建筑防火策略，概述火灾事故的分类、特点及事故原因。

第2章对燃烧及火灾荷载进行介绍；对室内火灾过程（火羽流、建筑室内火灾发展基本过程和顶棚射流）以及阴燃、轰燃和回燃三种特殊火灾现象进行阐述；介绍火灾烟气及其危害，主要包括火灾烟气产生与组成、室内烟气蔓延途径、烟囱效应和烟气控制基本方式等。

第3章介绍建筑防火基本技术措施，包括常用建筑材料的高温性能，建筑及构件的耐火等级，建筑总平面布局，防火、防烟分区及防火分隔物的设置要求以及新型建筑防火材料。

第 4 章介绍火灾探测报警及灭火相关内容，阐述常用火灾探测器的原理、分类及适用范围，自动报警系统组成，常用灭火剂及其基本灭火原理，以及新型探测报警和灭火设备。

第 5 章介绍疏散与逃生相关概念，阐述疏散与逃生时间以及火灾发生时人员的心理及行为，包括火场人员心理及行为的影响因素、疏散行为开始前的心理行为、疏散行为开始后的心理行为等。

第 6 章介绍建筑中常见的疏散及逃生设施，如安全出口、消防电梯等，应急照明及疏散指示标志，常见逃生救生器材等，并对其使用方法及设置要求进行说明。

第 7 章阐述火场逃生自救方法，从火灾初期的决策与处置、火场急救基本知识、火灾逃生注意事项等方面对个人逃生自救预案的制定依据、设计要点、基本流程进行介绍，并对实际案例进行解析。

本书是团队智慧的结晶，由黄冬梅任主编，何豪、梁晓瑜任副主编，山东省消防救援总队的杨华博士也是重要编写者之一，参与编写和资料整理的人员还有丰帧敏、杨建红、周旸、卢盾豪、金蒙莎、孙星等。

本书为中国计量大学重点教材，也是浙江省首批省级劳动教育一流本科课程"消防安全与火场自救"配套教材。由于作者水平有限，书中难免有疏漏与不足之处，恳请专家和广大读者批评指正。

黄冬梅

2023 年 11 月

目 录

第5章　火场人员疏散与逃生　　102

第 1 章

绪　论

1.1　火灾概述

1.1.1　火灾的定义

火的本质是燃烧，是物质进行剧烈氧化还原反应，同时伴随发热和发光的现象。火灾是指在时间或空间上失去控制的燃烧。火灾会对自然和社会造成一定程度的损害，其发生和发展具有双重性，即火灾既具有确定性，又具有随机性。火灾的确定性是指其在某特定的场合发生，火灾基本上按确定的过程发展，火的燃烧蔓延、火势的变化、火焰烟气的流动都遵循确定的流体流动、传热传质以及物质守恒等规律。火灾的随机性是指火灾在何时、何地发生是不确定的，受到多种因素影响。

1.1.2　着火的条件

火灾的发生和发展，必须具备三个必要条件，即可燃物、助燃物和点火源，通常称为燃烧三要素。燃烧发生时，上述三个条件必须同时具备，可用图 1-1（a）火三角表示。

根据链反应理论，燃烧的发生通常有持续的自由基（游离基或活性基团）作为中间产物，以维持燃烧的持续进行。因此，火三角应增加一个说明自由基参加燃烧反应的附加项，从而形成火四面体，如图 1-1（b）所示。其中，可燃物是指能与空气中的氧或其他氧化剂起燃烧反应的物质，如木材、天然气、石油等；助燃物是指能帮助和支持可燃物质燃烧的物质，如氧气、氯酸钾等氧化剂；点火源是指供给可燃物与助燃剂发生燃烧反应能量的来源，除明火外，电

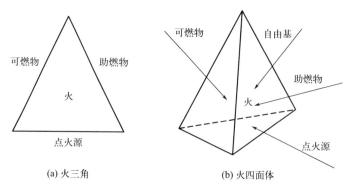

图 1-1　火三角和火四面体

火花，摩擦、撞击产生的火花及发热，造成自燃起火的氧化热等物理化学因素都能成为点火源；自由基是指带有不成对电子的原子或基团，当共价键断裂时，两个成键电子各分散在一个原子或基团上。

1.1.3　着火机理

根据对实际着火过程的研究，目前关于着火机理的认识主要有以下两种。

（1）热着火机理

热着火的机理是：在利用外部能源加热（例如电火花、电阻丝、热的器壁和压缩等）的条件下，使反应混合物（可燃物及氧化剂）达到一定的温度，在该温度下混合物发生化学反应所放出的热量大于它向环境的散热量，从而使反应混合物的温度进一步升高，温度的升高又进一步导致化学反应速率和放热速率的加快，这样无限循环，最终导致全面的燃烧反应。

实际上，在有的情况下，温度的升高、化学反应的加速是十分迅速和突然的。例如我们日常生活中煤气灶点火，只要煤气一遇到明火就瞬时着火。再如一定浓度（体积分数约为 9%）的甲烷气体与空气的混合物在一定条件下，遇到明火时立即着火并转为不可控的快速反应，也就是通常讲的爆炸。

对于一种放热反应，如果在严格的绝热条件下，只要反应物的量足够，它都能发展为着火。也就是说只有反应物消耗殆尽，才能使这种自加热反应不发展到着火。另外还有一种情况，虽然没有外部热源，也没有严格的绝热条件，但它符合这样的条件，即在该状态时，由于自身热分解（或氧化或混合物的相互反应）所放出的热量大于该情况下它向外界的散热，此时只要反应物的量足够，也会发展成为着火（或爆炸）。

（2）化学链着火

如果进行的反应是链反应，且链反应中自由基的生成速率大于自由基的消耗速率（即分支链反应），则其反应速率不断加快，此时反应在定温条件下也会导致着火（或爆炸）。例如 H_2 和 O_2 的化合反应，它满足了分支链反应的条件，只要反应开始它就会着火，如果满足一定的浓度条件，还会发生爆炸。属于这种着火类型的反应还有甲烷与氧的反应，乙烯、乙炔在空气中的氧化反应等。

1.1.4　火灾中的物理化学过程

（1）燃烧的物理基础

火灾发生、发展的整个过程始终伴随着热量的传递，热传递是影响火灾发展的决定性因素。热传递有三种方式：热传导、热对流和热辐射，如图 1-2 所示。

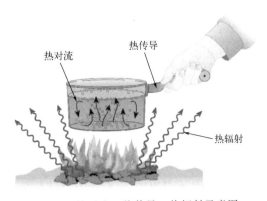

图 1-2　热对流、热传导、热辐射示意图

① 热传导。热量通过直接接触的物体，从温度较高部位传递到温度较低部位的过程，称为热传导。

影响热传导的主要因素有：温差、热导率、导热物体的厚度和截面积。温差是热量传导的动力，温差越大，传导的热量越多；热导率是材料导热能力的标志，不同物质的热导率各不相同。一般说来，固体物质是强的热导体，液体物质次之，气体物质较差。金属材料为优良热导体，非金属固体多为不良热导体。热导率愈大、厚度愈小，传导的热量愈多。

② 热对流。热量通过流动介质，由空间的一处传递到另一处的现象，叫热对流。

影响热对流的主要因素有：温差，通风孔洞面积和通风孔洞所处的高度。燃烧区的温度愈高，与环境的温差愈大，热对流速率愈大；火场中，通风孔洞面积愈大、所处位置愈高，热对流速率愈大。

热对流是热传递的重要方式，是影响初期火灾发展的最主要因素。

③ 热辐射。以电磁波形式传递热量的现象，叫作热辐射。

热辐射的主要特点是：任何物体（气体、液体、固体）都能把热能以电磁波的形式辐射出去，也能吸收别的物体辐射出来的热能。而且热辐射不需通过任何介质，即使在真空中也能进行。通过热辐射传递的热量与温度的四次方成正比。因此，当火灾处于发展阶段时，热辐射成为热传递的主要形式。

除了热传递，火灾发生发展还伴随着物质的输送，如氧气的输运、烟气的流动等，称为传质。传质作为一种自然界的物理现象，是物质系统由于浓度不均匀而发生的质量迁移过程。传质可以发生在两相和多相间，也可以发生在同一相内。化学势差是传质的推动力，因浓度不同导致的质量传递过程，直到浓度达到平衡才停止。

（2）燃烧的化学基础

① 化学反应的分类。化学反应可以分为简单反应和复杂反应两大类。简单反应仅仅包含一个反应步骤，又称为基元反应；而复杂反应则包含许多中间步骤，即由两个或两个以上的基元反应组成。

② 燃烧化学反应速率理论。化学反应进行的快慢可以用单位时间内在单位体积中反应物消耗或生成物产生的物质的量（mol）来衡量，称为反应速率 ω，单位为 mol/(m³·s)，对于反应物是消耗速率，对于生成物是生成速率，用公式表达为：

$$\omega = \frac{dn}{V dt} = \frac{dc}{dt} \tag{1-1}$$

式中　ω——反应速率，mol/(m³·s)；

V——体积，m^3；

dn——物质的量变化，mol；

dc——摩尔浓度的变化，mol/m^3；

dt——发生变化经过的时间，s。

1.2 建筑分类及危险等级

1.2.1 按建筑用途分类

由于不同类型的建筑火灾危险性不同，故所采取的防火措施也有不同的要求。参照《建设工程分类标准》（GB/T 50841—2013）关于建筑工程的分类方法，按照建筑物的使用性质，可将建筑物分为工业建筑和民用建筑等。

（1）工业建筑

工业建筑，指为生产服务的各类建筑，也叫作厂房类建筑，可分为单层厂房和多层厂房两大类，如生产车间、辅助车间、动力用房、仓储建筑等。还包括用于农业、畜牧业生产和加工的建筑，如温室、畜禽饲养场、粮食与饲料加工站、农机修理站等。

（2）民用建筑

民用建筑，指的是用来居住、办公和生活的建筑。按照使用功能，可分为居住建筑和公共建筑。

居住建筑包括：①住宅建筑，如高层住宅、别墅、老年人住宅、商用住宅等；②宿舍建筑，如单身宿舍或公寓、学生宿舍或公寓等。

公共建筑包括：①办公建筑，如政府办公楼，商务、企业、事业单位办公楼等；②科研建筑，如实验楼、科研楼、设计楼等；③文化建筑，如剧院、电影院、图书馆、博物馆、档案馆、展览馆、音乐厅、礼堂等；④商业建筑，如百货公司、超级市场、菜市场、旅馆、饮食店、步行街；⑤体育建筑，如体育场、体育馆、游泳馆、健身房等；⑥医疗建筑，如综合医院、专科医院、康复中心、急救中心、疗养院等；⑦交通建筑，如汽车客运站、港口客运站、铁路旅客站、空港航站楼、地铁站等；⑧司法建筑，如法院、看守所、监狱等；

⑨纪念建筑，如纪念碑、纪念馆、纪念塔、故居等；⑩园林建筑，如动物园、植物园、游乐场、旅游景点建筑、城市建筑小品等；⑪综合建筑，如多功能综合大楼、商务中心、商业中心等。

1.2.2 按建筑高度分类

《建筑设计防火规范（2018 年版）》（GB 50016—2014）规定了民用建筑可分为单层、多层和高层民用建筑。高层民用建筑根据其建筑高度、使用功能、火灾危险性、施救难度以及楼层的建筑面积等可分为一类和二类，见表 1-1。

表 1-1 民用建筑分类

名称	高层民用建筑		单、多层民用建筑
	一类	二类	
住宅建筑	建筑高度大于 54m 的住宅建筑（包括设置商业服务网点的住宅建筑）	建筑高度大于 27m，但不大于 54m 的住宅建筑（包括设置商业服务网点的住宅建筑）	建筑高度不大于 27m 的住宅建筑（包括设置商业服务网点的住宅建筑）
公共建筑	1. 建筑高度大于 50m 的公共建筑； 2. 建筑高度 24m 以上部分任一楼层建筑面积大于 1000m² 的商店、展览、电信、邮政、财贸金融建筑和其他多种功能组合的建筑； 3. 医疗建筑、重要公共建筑、独立建造的老年人照料设施； 4. 省级及以上的广播电视和防灾指挥调度建筑、网局级和省级电力调度建筑； 5. 藏书超过 100 万册的图书馆、书库	除一类高层公共建筑外的其他高层公共建筑	1. 建筑高度大于 24m 的单层公共建筑； 2. 建筑高度不大于 24m 的其他公共建筑

1.2.3 建筑消防火灾危险等级

《自动喷水灭火系统设计规范》（GB 50084—2017）中将自动喷水灭火系统设置场所的火灾危险等级划分为轻危险级、中危险级、严重危险级和仓库危险级。

（1）轻危险级

建筑高度为 24m 及以下的旅馆、办公楼；仅在走道设置闭式系统的建筑等。

（2）中危险级

①高层民用建筑：旅馆、办公楼、综合楼、邮政楼、金融电信楼、指挥调度楼、广播电视楼（塔）等。②公共建筑（含单、多高层）：医院、疗养院，图书馆（书库除外）、档案馆、展览馆（厅），影剧院、音乐厅和礼堂（舞台除外）及其他娱乐场所，火车站和飞机场及码头的建筑，总建筑面积小于5000m^{2}的商场、总建筑面积小于1000m^{2}的地下商场等。③文化遗产建筑：木结构古建筑、国家文物保护单位等。④工业建筑：食品、家用电器、玻璃制品等工厂的备料与生产车间等，冷藏库、钢屋架等建筑构件。⑤民用建筑：书库、舞台（葡萄架除外）、汽车停车场、总建筑面积5000m^{2}及以上的商场、总建筑面积1000m^{2}及以上的地下商场等。⑥工业建筑：棉毛麻丝及化纤的纺织、织物及制品、木材木器及胶合板、谷物加工、烟草及制品、饮用酒（啤酒除外）、皮革及制品、造纸及纸制品、制药等工厂的备料与生产车间。

（3）严重危险级

①印刷厂，酒精制品、可燃液体制品等工厂的备料与车间等。②易燃液体喷雾操作区域，固体易燃物品、可燃的气溶胶制品、溶剂、油漆、沥青制品等工厂的备料及生产车间，摄影棚，舞台"葡萄架"下部。

（4）仓库危险级

①食品、烟酒、木箱、纸箱包装的不燃难燃物品，仓储式商场的货架区等。②木材、纸、皮革、谷物及制品、棉毛麻丝化纤及制品、家用电器、电缆、B组塑料与橡胶及其制品、钢塑混合材料制品、各种塑料瓶盒包装的不燃物品及各类物品混杂储存的仓库等。③A组塑料与橡胶及其制品，沥青制品等。

1.3 火灾事故概述

1.3.1 火灾事故分类

依据国务院《生产安全事故报告和调查处理条例》（国务院令〔2007〕第

493 号）中事故等级的划分方法，按照损失程度，火灾分为特别重大火灾、重大火灾、较大火灾和一般火灾四个等级。

其中，特别重大火灾是指造成 30 人以上（"以上"包括本数，下同）死亡，或者 100 人以上重伤，或者 1 亿元以上直接财产损失的火灾；重大火灾是指造成 10 人以上 30 人以下（"以下"不包括本数，下同）死亡，或者 50 人以上 100 人以下重伤，或者 5000 万元以上 1 亿元以下直接财产损失的火灾；较大火灾是指造成 3 人以上 10 人以下死亡，或者 10 人以上 50 人以下重伤，或者 1000 万元以上 5000 万元以下直接财产损失的火灾；一般火灾是指造成 3 人以下死亡，或者 10 人以下重伤，或者 1000 万元以下直接财产损失的火灾。

除上述分类方法外，通常还会按照可燃物类型将火灾分成 A、B、C、D、E、F 六类。其中，A 类火灾是指固体物质引起的火灾，如木材、棉、毛、麻、纸张及其制品等燃烧的火灾。B 类火灾是指液体或可熔化固体物质引起的火灾，如汽油、煤油、柴油、原油、甲醇、乙醇、沥青、石蜡等燃烧的火灾。C 类火灾是指气体引起的火灾，如煤气、天然气、甲烷、乙烷、丙烷、氢气等燃烧的火灾。D 类火灾是指可燃金属引起的火灾，如钾、钠、镁、钛、锆、锂、铝镁合金等燃烧的火灾。E 类火灾是指带电引起的火灾，如发电机房、变压器、配电间、仪器仪表等在燃烧时不能及时或不宜断电的电气设备带电燃烧的火灾。国际上还有 F 类火灾，是指烹饪器具内的烹饪物引起的火灾，如动植物油脂燃烧的火灾。

按照发生场所，火灾可分为森林火灾、地下煤火灾、草原火灾、车辆火灾、船舶火灾和建筑火灾等。

按照引起火灾的原因，可分为自然火灾和人为火灾。地震、火山、旱灾、风灾、高温、雷击等引起的火灾为自然火灾。人为火灾包括用火不慎、遗留火种、吸烟、生产作业、玩火、放火等引起的火灾，其中绝大部分是由于用火不慎、电气设备陈旧、违反安全操作规程等。据有关统计，建筑火灾中 99% 是人为火灾，森林火灾的 90% 是人为火灾。

1.3.2 火灾事故特点

① 严重性。火灾易造成重大人员伤亡和财产损失，严重影响正常生产和生活，甚至迫使工矿企业停产，且需要较长时间才能恢复。有时火灾与爆炸同

时发生，损失更为惨重。

② 复杂性。发生火灾的原因往往较为复杂，主要表现在可燃物种类众多、火源类型多样、灾后事故调查困难以及环境破坏严重等。此外，由于建筑结构的复杂性和多种可燃物的混杂也给灭火和调查分析带来很多困难。

③ 多变性。火灾的发生和发展过程有一定规律，但每起火灾的起因、发展情况却不相同。火灾的发生、发展情况受到各种外界条件的影响与制约，与可燃物的种类、数量以及起火单位的布局、通风状况、天气、地形等有关。同时人们的安全意识、教育程度等因素也对火灾的发生、初期火灾的处置措施以及人员的逃生效果等产生重要影响。

④ 突发性。火灾事故往往是在人们意想不到的情况下突然发生的，虽然有事故的征兆，但一方面是由于目前对火灾事故的监测、报警等手段的可靠性、实用性和广泛应用尚不理想；另一方面则是由于至今还有相当多的人员对火灾事故的规律及其征兆了解甚少，耽误了救援时间，对火灾处理和应急救援造成很大困难。

⑤ 确定性。在特定的场合下发生的火灾基本上沿着确定的过程发展，着火、蔓延、火势的发展、烟气的流动传播遵循确定的流体流动、传热传质以及质量守恒等规律。

⑥ 因果性与潜在性。因果性是指火灾不会无缘无故地发生，必有源头。一般来说，火灾是由物和环境的不安全状态、人的不安全行为及管理缺陷作用引起的。潜在性是指火灾在发生之前，一般都存在一些"隐患"，这些隐患一般不明显，不易引起人们的重视，但在一定条件下就可能引起火灾。火灾的这一特点，往往造成人们对火灾认识的盲目性或产生麻痹心理。

1.3.3　典型建筑火灾特点

（1）高层建筑火灾特点

① 火势蔓延快，易形成立体火灾。高层建筑内设有众多的楼梯井、电梯井、风道、电缆井、管道井等竖向井道，发生火灾时，这些竖井好像一个个烟囱，形成强大的风力，使热气流迅速上升，形成"烟囱效应"，成为火势纵向蔓延的重要途径。为了保持室内空气具有一定的温湿度和清洁度，楼内设置的空调、通风管道纵横交叉，几乎延伸到建筑的各个角落，这也给火灾的扩大蔓

延埋下了隐患，一旦发生火灾，高温烟气进入空调通风管道，就成为火势横向蔓延的重要渠道。另外，通风、空调管道的保温材料选择不当（如选用聚苯乙烯泡沫塑料等可燃性材料）是建筑火灾扩大蔓延的又一原因。因此，高层建筑一旦发生火灾，其火势发展的速度比普通建筑要快得多，并且在纵向和横向上同时迅速扩大蔓延，形成立体火灾，危及全楼安全。

② 疏散困难，易造成人员伤亡。高层建筑通常楼体高、楼层多、体量及规模大、垂直疏散距离长，内部人员大多集中在建筑的中、上部，一旦发生火灾，在"烟囱效应"的作用下，火势和烟雾向上蔓延扩散快，容易形成一个高温、有毒、浓烟、缺氧的火场环境，增加了人员疏散到地面或其他安全区域的时间和难度。普通电梯在火灾时由于切断电源等原因往往迫降至底层，停止运转。高层建筑安全疏散主要靠楼梯，而楼梯通常也是消防人员灭火救援进攻的通道，疏散与灭火行动容易相互干扰，倘若楼梯间内蹿入烟气，更容易造成惊慌、混乱、挤踏争抢、消极待援等情况，严重影响疏散。

③ 扑救难度大。

一是火情侦察困难。由于高温、浓烟等因素，消防人员不易接近起火部位准确查明起火点。烟气的流动和火势的蔓延扩散，不同楼层的不同部位会冒烟、喷火，容易给消防人员造成错觉误判，贻误和丧失战机。

二是对建筑自身的消防设施依赖性强。高层建筑尤其是超高层建筑的灭火救援已超出了消防设备和消防人员常规能力范围。我国现有的消防云梯车最高可达 100m 左右，且此种装备尚不普及，全国的数量屈指可数，而国内一般的消防云梯车平均高度只有 40～50m，相当于 16～18 层楼高，所以高层建筑一旦失火，很难扑救。扑救高层建筑火灾，必须立足于自救，即主要依靠建筑自身的消防设施。

就高层建筑施工而言，常常是主体建筑工程施工完毕，而各种配套工程尚未施工完成，建筑内消火栓和自动喷淋系统尚未安装或调试完毕，仍不能正常使用。虽然设有临时消防给水设施，但也只能满足施工使用，且灭火时大多依靠灭火器。当形成大面积火灾时，其消防用水量显然不足，需要利用消防车向高楼供水。建筑物内如果没有安装消防电梯，消防队员会因攀登高楼体力不支，不能及时到达起火层进行扑救，消防器材也不能随时补充，均会影响扑救。

三是组织指挥困难。高层建筑层数多、体量大，一旦发生火灾需要调用特种消防车辆乃至直升机，火场消防装备多、灭火救援人员多，组织指挥难。

④ 功能复杂，火灾隐患多。一些综合性的高层建筑，功能复杂，用火、用电、用气、用油设备多，尤其是多产权的高层建筑，消防主体责任不落实，消防意识淡薄，建筑内疏散通道阻塞不畅，安全出口锁闭，消防设施不能完好有效，消防车道被占用，没有统一的消防组织管理机构等，潜在火灾隐患诸多。高层建筑内部的陈设、装修材料和生活办公用品大多是可燃或易燃物品，它们在火灾条件下发烟量大，还释放出多种有毒气体，在火场中危害极大。

（2）宾馆、饭店火灾特点

宾馆、饭店人员密集，用火用电频繁，内部装饰装修、陈设、家具等多为可燃材料，具有较大的火灾危险，火灾时的扑救和疏散极为困难，一旦处置不当，极易造成群死群伤和巨大的经济损失。宾馆、饭店的火灾具有以下特点：

① 可燃物多。现代的宾馆、饭店室内装修标准高，大量的装饰、装修材料和家具、陈设都采用木材、塑料和棉、麻、丝、毛等可燃材料，建筑的火灾荷载较大。在日常的运作过程中还存在可燃液体、易燃易爆气体燃料及生活、办公用品等可燃物，在装修过程中还使用化学涂料、油漆等物品，一旦发生火灾，这些材料燃烧猛烈，材料在燃烧的同时还释放大量有毒气体，给人员疏散和火灾扑救带来很大困难。

② 易产生"烟囱效应"。现代化的宾馆、饭店，大多是高层建筑，其楼梯井、电梯井、电缆井、垃圾道等竖井林立，如同一座座大烟囱，且通风管道纵横交错，一旦发生火灾，极易产生"烟囱效应"，使火焰沿着竖井和通风管道迅速蔓延、扩大。

③ 疏散困难，易造成重大伤亡。宾馆、饭店属于典型的人员密集场所，且大多是暂住的旅客，人员出入频繁、流动性大，其中大多数人员对建筑物内部的空间环境、疏散路径不熟悉，对消防设施设备的配置状况不熟悉，特别是外地和异国人员，处置初起火灾和疏散逃生的能力差。加上发生火灾时烟雾弥漫，心情紧张，极易迷失方向，拥塞在通道上，造成秩序混乱，给疏散和施救带来困难，因此往往会造成重大伤亡。

④ 起火因素多。宾馆、饭店用火、用电、用气设备点多量大，如果疏于

管理或违章作业，极易引发火灾。厨房、配电房、锅炉房等部位是用火、用电、用气的密集区，液体、气体燃料泄漏或用火不慎或油锅过热会引发火灾；空调、电视、计算机、复印机、电热水壶等用电设备会因为设备故障、线路故障或使用不当而引发火灾；一些宾馆、饭店管理人员和住店人员的消防安全意识薄弱，"人走灯不熄，火未灭，电不断"的现象时有发生，私拉乱接电线、随意用火、卧床吸烟、乱丢烟头等也是导致火灾的常见原因。宾馆、饭店火灾案例表明，火灾原因主要有：旅客卧床吸烟、乱丢烟头；厨房用火不慎和油锅过热起火；维修设备和装修施工违章动火等。易发生火灾的部位是厨房、客房、餐厅及设备机房等处。

（3）商场火灾特点

① 竖向蔓延途径多，易形成立体火灾。商场营业厅的建筑面积一般都较大，且大多设有自动扶梯、敞开楼梯、电梯等，尤其是高层建筑内的商场设有各种用途和功能的竖井道，使得商场层层相通，一旦失火且火势到发展阶段，靠近火源的窗玻璃破碎，高温烟气从自动扶梯、敞开楼梯、电梯、外墙窗户口及各种竖井道垂直向上很快蔓延扩大，引燃可燃商品及户外可燃装饰或广告牌等，并加热空调通风等金属管道。上层火势蔓延到下层的主要途径：一是上下层连通部位掉落下来的燃烧物引燃下层商品；二是由于金属管道过热引起下层商品燃烧。这样建筑的上与下、内与外一起燃烧，极易形成立体火灾。

② 中庭等共享空间容易造成火灾迅速蔓延，形成大面积火灾。由于经营理念、功能要求、规模大小、空间特点及交通组织的不同，商场的建筑形式也复杂多样。营业面积较大的商场，大多设有中庭等共享空间，这就进一步增大了商场划分防火区的难度，使得火势容易蔓延扩大，形成大面积火灾。例如上海某商场内发生一起火灾事故，起火点是中庭的一棵装饰型圣诞树，熊熊大火和浓烟直蹿到5、6层的吊顶。

③ 可燃商品多，容易造成重大经济损失。商场经营的商品，除极少部分商品的火灾危险性为丁、戊类外，大多是火灾危险性丙类的可燃物品，还有一些商品如指甲油、摩丝、发胶和丁烷气（打火机用）等，其均为甲、乙类的易燃易爆物品。开架售货方式又使可燃物品的表面积大大超过其他场所，着火时就增加了蔓延的可能性。

商场按规模大小都相应地设有一定面积的仓储间。由于商品周转很快，除了供顾客选购的商品陈设在货架、柜台内外，往往在每个柜台的后面还设有小仓库，连疏散通道上都堆积商品，形成了"前店后库""前柜后库"，甚至"以店代库"的格局，一旦失火，会造成严重损失。

④ 人员密集，疏散难度大，易造成重大伤亡。营业期间的商场顾客云集，是我国公共场所中人员密度最大、流动量最大的场所之一。一些大型商场，每天的人流量高达数十万人，高峰时可达 5 人/m² 左右，超出影剧院、体育馆等公共场所好几倍。在营业期间如果发生火灾，极易造成重大人员伤亡。

对于地下商场而言，在顾客流量相同的情况下，其人员密度远大于地上商场，加上地下商场的安全出口、疏散通道数量、宽度等受到人防工程的制约而普遍小于地上商场，同时缺乏自然采光和通风，疏散难度大，极易发生挤死踩伤人员的伤亡事故。此外，由于建筑空间相对封闭，有毒烟气会充满整个商场，极易导致人员中毒窒息死亡。

⑤ 用火、用电设备多，致灾因素多。商场顶、柱、墙上的照明灯、装饰灯，大多采用埋入方式安装，数量众多，存在诸多火灾隐患。商场内和商品橱窗内大量安装广告霓虹灯和灯箱，其中霓虹灯的变压器具有较大的火灾危险性。商品橱窗和柜台内安装的照明灯具，尤其是各种射灯，其表面温度较高，足以点燃一些易燃物。商场经营照明器材和家用电器的经销商，为了测试的需要，还拉接有临时的电源插座，没有空调的商场，夏季还大量使用电风扇降温。有些商场为了方便，还附设有服装加工部，家用电器维修部，钟表、照相机、眼镜等修理部，这些部位常常需要使用电熨斗、电烙铁等加热器具。这些照明、维修、加热等电气设备品种繁多，线路错综复杂，加上每天营业时间长，如果设计、安装、使用不当，极易引起火灾。

⑥ 扑救难度极大。商场一般位于繁华商业区，交通拥挤，人流交织，邻近建筑多，甚至商场周边搭建遮阳篷，占用了消防通道和防火间距；林立的广告牌和各种电缆电线占据了登高消防车的扑救作业面，妨碍消防车辆的使用操作。另一方面，由于商场内可燃物多，空间大，一旦发生火灾，蔓延极快；顾客向外疏散，消防人员逆方向进入扑救、抢救和疏散人员，扑灭火灾相当困难；加上浓烟和高温，使消防人员侦察火情困难，难以迅速扑灭火灾。

（4）公共娱乐场所火灾特点

① 可燃材料装修多，燃烧猛烈。公共娱乐场所的内部装修大多使用如木质多层板、木质墙裙、纤维板、各种塑料制品、化纤装饰布、化纤地毯、化纤壁毡等可燃材料，室内家具等也多为可燃材料所制，火灾荷载大。有的影剧院、礼堂的屋顶建筑构件是木质结构，舞台幕布和木地板是可燃的；为了满足声学设计的音响效果，观众厅、卡拉 OK 厅为了招引顾客，装潢豪华气派，天花板及墙面采用大量可燃装修材料。一旦发生火灾，若初期不能有效控制和扑救，燃烧会迅猛发展，火势难以控制。

② 疏散困难，易造成群死群伤。歌舞厅、卡拉 OK 厅等娱乐场所，不同于影剧院，顾客流量大，随意性大，高峰时期人员密度过大，甚至超过法定的额定人数，加之灯光暗淡，一旦发生火灾，极易发生人员拥挤、秩序混乱的情况。如果疏散通道不畅，尤其是利用陈旧建筑改建或扩建的歌舞厅，因受条件限制，疏散通道、安全出口的数量和宽度达不到消防技术规范的要求，给人员疏散带来困难，极易造成人员大量伤亡。

③ 用电设备多，着火源多。公共娱乐场所一般采用多种照明灯具和使用多类音响设备，且数量多、功率大，如果使用不当，易造成局部过载、电线短路等，进而引发火灾。有的筒灯、射灯、碘钨灯等灯具的表面温度很高，若靠近幕布、布景等可燃物，极易引起火灾。由于用电设备多，连接的电气线路也多而复杂，如大多数影剧院、礼堂等观众厅的闷顶内和舞台电气线路纵横交错，如果安装使用不当，容易引发火灾。有的场所在营业时违章动火，往往还使用酒精炉、燃气炉或电炉等多种类热源，为顾客提供热饮小吃，娱乐包厢、演艺厅不禁烟等，如果管理不到位，也会造成火灾。

④ 易造成次生灾害。高层建筑中附设的歌舞厅或位于城市繁华地带的歌舞厅，发生火灾后，若对火势不能迅速控制，往往蔓延发展成高层建筑火灾，甚至会"火烧连营"。

⑤ 扑救难度大。公共娱乐场所可燃物多，火灾负荷大、灭火需水量大，需调集大批的灭火力量。另外，附设在高层建筑中的歌舞厅发生火灾易形成高层建筑火灾，相应地增大了人员疏散、火灾扑救的难度。分析公共娱乐场所群死群伤的火灾案例，不难发现，引发火灾的主要原因是违章电焊和用火、用电不慎。而引发群死群伤的主要原因有两条：一是安全疏散出口和窗户被铁栅

栏、铁门、铝合金门等锁闭，致使发生火灾时逃生无门；二是对从业人员缺乏必要的消防安全培训，致使初起火灾得不到有效的控制和扑救，火灾现场群众得不到及时疏散引导。

（5）医院火灾特点

医院的门诊楼、病房楼属于典型的人员密集场所，相对于其他一般火灾危险的普通场所，医院发生火灾的危险较高，容易造成群死群伤恶性火灾事故。

① 人员集中，极易造成巨大伤亡。医院内部的建筑多为中廊或内走廊式，且楼层较多，各个部门、科室之间相互连通，出于自身防盗的考虑，大多数医院在有贵重设备和财产的科室里都安装了防盗门，窗户安装防护栏，夜间锁闭病区大门，导致疏散通道不畅通。而医院作为患者集中的场所，病人及陪护人员数量众多，人员高度集中，有些骨折、危重病人行动多有不便。一旦发生火灾，疏散人数多，施救难度大，火势很容易蔓延扩大，消防人员难以及时扑救，极易造成群死群伤的严重后果。

② 化学品种类多，火灾情况复杂。医院功能多样，住院部有大量的棉被、床垫等可燃物，手术室、制剂室、药房存放使用的乙醇、甲醇、丙酮、苯、乙醚、松节油等易燃化学试剂，以及存在锅炉、消毒锅、高压氧舱、液氧罐等压力容器和设备，有时还需使用酒精灯、煤气灯等明火和电炉、烘箱等电热设备，如果管理使用不当，很容易造成火灾爆炸事故。起火将会造成严重后果。如氧气瓶在接触碳氢化合物、油脂时会导致自燃，高压氧舱在火灾中不仅造成人员死亡，甚至还会发生爆炸导致严重后果。有的物品不仅燃烧速度快，而且能够产生大量有毒有害烟气，部分危险化学品甚至有爆炸的危险，对病人和医护人员造成伤害。

③ 病人自救能力差，致死因素多。医院火灾具有特殊性，病人多，自救能力差，特别是有些骨折病人、动手术的病人和危重病人，在输液、输氧情况下，一旦发生火灾，疏散任务重，疏散难度大。一些心脏病、高血压病人遇到火灾时精神恐慌，有可能导致病情加重，甚至猝死。

④ 医疗设备多，用电负荷大。各类医院在诊断、治疗过程中必须配备使用各种医疗器械和电气设备。有些医院为了接纳更多的病人患者，大型医疗设备与日俱增，不少医院舍得投资先进的设备而不愿更新陈旧电气线路。同时，因科室调整、原设计用途变更、电力超负荷等，会出现一些火灾隐患，导致电

气线路老化或过载运行，致使电线表面绝缘层破损短路而引发火灾。

（6）学校火灾特点

① 火灾事故突发、起火原因复杂。学校的内部单位点多面广，教学设备、物资存储较为分散，生产生活火源多，用电量大，可燃物种类繁多。从学校发生火灾的原因来看，有人为的原因，也有自然因素；从时间上看，火灾大都发生在节假日、业余时间和晚间；从发生的部位上看，大多发生在实验室、仓库、图书馆、学生宿舍及其他人员往来频繁的公共场所，以及生产、后勤部门及其出租场所。

② 高层建筑增多，给火灾预防和扑救工作带来巨大困难。学校因受扩招、开办各类成人高等教育等教育产业化的驱动以及学校之间教学、科研的竞争，各个学校的建设规模都在不同程度上扩大，校园的发展较快，校园内高层建筑增多，形成了火灾难防、难救、人员难以疏散的新特点，有的高层建筑还存在消防设备落后、消防投资不足等弊端，这些都给消防安全管理工作带来了一定难度。

③ 火灾容易造成巨大的财产损失。学校教学、科研、实验仪器设备众多，动植物标本、图书资料多，一旦发生火灾，损失惨重。精密、贵重的仪器设备，往往是国家筹集资金购置的，发生火灾后，其损失很难立即补充，既有较大的有形资产损失，直接影响教学、科研与实验的正常进行，更有无形资产的损失。珍贵的标本、图书资料是一所学校深厚文化积淀的重要标志，须经过几十年、上百年的积累和保存，因火灾造成损失，则不可复得。因而，这类火灾损失极为惨重，影响极大。

④ 容易造成人员伤亡，社会影响极大。学校是教师和学生高度集中的场所，人口密度大，集中居住的宿舍、公寓多，宿舍、公寓内违章生活用电用火较多，电气线路私拉乱接现象较为普遍。因用电、用火不慎而发生火灾后，如火势得不到有效控制便会很快蔓延，火烧连营，影响疏散逃生，难免会造成人员伤亡。同时，学校是社会稳定的晴雨表，是各类信息的集散地，一旦发生火灾，会迅速传遍社会，特别是出现人员伤亡，会造成极为严重的社会影响。

⑤ 人为因素使疏散不畅。上课的教室、开放的图书室、集会的礼堂和休息、住宿的宿舍、公寓等都是典型的人员密集之处。大多数学校从防盗及学生日常人身安全出发，采取了加装防盗门、锁闭安全出口等一些不利于消防安全

疏散的措施，仅留一两个出口用于日常进出。有的大学和寄宿型中、小学校为防止学生夜间外出，采取"封闭式管理"，给宿舍的窗户、出口安装防护栏、栅栏门，学生就寝后锁闭宿舍楼出口，疏散通道不畅进一步加大了火灾危害性。

⑥ 实验室管理或操作不慎易引发火灾爆炸事故。由于教学科研需要，实验室通常存放、使用必要的易燃易爆甚至有毒的化学物品（或试剂），如果在实验过程中违反操作规程或管理不慎，都会引起火灾爆炸事故。此类事故在实验室时有发生。

除了上述共性问题以外，中、小学和幼儿园、托儿所尚存在以下火灾危险：

① 部分建筑耐火等级低，电气线路陈旧老化。由于种种原因，一些中、小学和幼儿园、托儿所的建筑耐火等级偏低，有的甚至设置在三级以下耐火等级的建筑中，消防通道不畅，防火间距不足，防火分隔设施和消防设施缺乏，电气线路陈旧老化，消防安全条件先天不足。随着各类教学电气设备的增加，电气线路超负荷运行，极易引发火灾事故，且火灾蔓延迅速，不易扑救。

② 幼儿园、托儿所可燃物多，生活用火用电频繁。幼儿园、托儿所的室内装饰和玩具等大多为可燃物，学习、生活中需要驱蚊、取暖、降温，使用家用电气设备（如电视机、电冰箱、电风扇等），可能因用火、用电不慎引发火灾。

③ 幼儿应变、自我保护能力差。幼儿园、托儿所是集中培养教育儿童的主要场所，其特点是孩子年龄小，遇事判断、行动、应变和自我保护、迅速撤离疏散的能力弱。火灾时，几乎是全靠教师、保育员帮助才能逃生，如稍有处置不妥，就会造成严重后果。

④ 玩火引发火灾多。小孩正处于心智、身体的发育阶段，心智尚未健全，可能因为好奇心驱使，玩火而引发火灾。

⑤ 寄宿型学校的学生宿舍用火用电现象多。寄宿型学校在规定时间统一熄灯后，有的学生仍会看书学习，夏季还普遍点蚊香驱蚊虫，学生使用电炉、电饭煲、电吹风、电热水壶及私拉乱接电线、吸烟等现象较为突出。这些行为极可能引发火灾。

（7）地下建筑火灾特点

① 烟气量大，能见度低。地下建筑大多处于封闭状态，密闭性好，通风

条件差。由于氧供应不足，空气流通不畅，燃烧往往处于不完全状态，因此，发生火灾时，通常会产生大量的带有不完全燃烧产物——一氧化碳气体的烟雾，致使人员呼吸困难，极易使人窒息死亡。同时，由于排烟困难，烟气无法很快排至室外，大量浓烟会沿着倾斜、垂直的梯道很快扩散蔓延，充满整个地下建筑物空间，并向出入口方向翻涌，使能见度大大降低，直接威胁其内部人员和参加抢险救援人员的人身安全。

② 安全疏散困难，危险性大。由于地下建筑出入口在火灾时常常也充当排烟口，人群的疏散方向与烟气的流动方向一致，而烟气的扩散速度（水平方向约 1m/s，垂直方向为 1～3m/s）比人群的疏散速度要快，致使疏散人员难以逃避高温浓烟的危害，加上人员在疏散时往往会惊慌失措，急于逃生，造成疏散通道拥挤堵塞，容易引发群死群伤事故。另外，许多地下建筑作为商场、电子游戏厅等公众聚集场所使用，内部布局复杂，场所之间互相贯通，使得人们认不清疏散方向，摸不准安全出口的位置，往往延误了最佳的逃生时间。

③ 灭火救援难度大。地下建筑的出入口较少，内部纵深较大，而且通道弯曲狭长，所以灭火进攻的路径较少，特别是在高温浓烟大量涌出的情况下，救援人员难以直接侦察到地下建筑物中起火点的位置、摸清燃烧的情况，难以进入、接近着火地点，这给现场灭火指挥带来极大的困难；火灾情况下，地下建筑的出入口通常向外冒着高温烈焰和滚滚浓烟，灭火水枪射流往往鞭长莫及或难以达到着火点，灭火救援要经历很长时间才能奏效。

④ 火灾发生概率高，蔓延迅速。地下建筑的采光通风等设备几乎全部依靠电源，故用电量大，电线、电缆、电气设备较多，加上人员流量大，人员多、杂等因素也使随机起火的概率增加。另外，地下建筑空间较大，可燃物质较多，商品摆放较密集，加上装修材料大多属易燃可燃材料，容易产生大量的细碎垃圾，在明处一般会被很快清除，而那些在隐蔽角落的垃圾却常常不被注意到，一些火灾正是由这类垃圾燃烧引起的，一旦出现火情，即会迅速蔓延成大灾。

（8）居住建筑火灾特点

① 火灾荷载大，引发火灾的因素多。随着国民经济的发展和社会的进步，人们的生活水平在不断提高，居民的消费观念逐渐转变，家庭装修的档次也愈来愈高。家庭中本来就存在大量的木质家具和纤维制品，加上装修中使用的木

材、纤维制品和高分子材料，使得住宅的火灾荷载很大，一旦发生火灾，就会猛烈燃烧，迅速蔓延。同时，燃烧伴有大量的浓烟和有毒有害气体产生，大多数火灾中的人员伤亡原因不是高温的灸烤，而是吸入了大量有毒有害气体而导致死亡。

现代家庭装修日益趋向豪华型、舒适型，家庭中各式各样灯具的布设、家用电器的使用，致使引发火灾的因素增多。比如荧光灯安装在可燃吊顶内，镇流器容易发热并蓄热起火引燃吊顶；射灯表面温度较高，容易引燃燃点低的物品；电熨斗、电炒锅、电饭煲、电磁炉等加热电器的使用，也容易引起火灾。天然气、液化石油气等易燃易爆气体的日益普及，也是引发火灾的一个重要因素。

② 夜间发生的火灾损失大。居住建筑是人们生活和休息的地方，是身心得以放松的"港湾"。在睡眠状态下，人的感觉非常迟钝，所以夜间发生的火灾往往发现较迟。即使人在睡梦中惊醒，面对突如其来的大火，也容易惊慌失措，采取措施不当，造成次生伤害。加上夜间居住在建筑中的人员多，容易演变成有大量人员伤亡和财产损失的恶性事件。

③ 高层居住建筑的特点使其防火难度增加。高层居住建筑内的楼梯井、电梯井、电缆井等竖井在火灾发生时容易产生"烟囱效应"，加快了空气流动，助长了火势的发展蔓延；高层住宅建筑中人员密集，疏散通道长，疏散出口少，需要的安全疏散时间比较长；建筑高度大，救援被大火围困的人员比较困难；人员大多以家庭为单位，没有一个统一的强有力的组织结构，消防安全教育培训、消防演练组织起来比较困难。

1.3.4　常见的火灾事故原因

常见火灾事故的原因有电气原因、用火不慎、遗留火种、吸烟、自燃等。

（1）电气原因

① 电气设备安装、使用及维护不当。电气设备引起火灾的原因主要有电气设备过负荷、电气线路接头接触不良、电气线路短路等。照明灯具设置使用不当，如将功率较大的灯泡安装在木板、纸等可燃物附近或在易燃易爆的车间内使用非防爆型的电动机、灯具、开关等。

② 电气设计、施工、设置不合理。电气设备是电力系统的重要组成部分，各个设备的运行安全稳定与否直接影响整个电力系统运行的安全性、稳定性。在建筑电气设计中若没有充分考虑到建筑的实际情况，就会存在电气设计不合理的问题，如设备选型、电路铺设不规范，断路器的短路保护不满足要求等问题。电气设备设置在不合理的位置，在运行过程中可能产生发热现象，若长时间使用将造成设备的持续升温从而引起火灾。

③ 电气设备质量问题。电气设备质量的优劣直接影响其使用的安全性。一些不法商家为牟取暴利而生产不符合国家相关技术规定的电气设备（开关、插座、电缆线、电子镇流器等），特别是电热产品缺乏控温、定时关闭结构和阻燃措施。这些电气设备一般绝缘性较差，电流通过其导体本身所产生的热效应较高。导线过负荷，加快了导线绝缘层老化变质。当严重过负荷时，导线的温度会不断升高，进而引起导线的绝缘层发生燃烧，引燃导线附近的可燃物，从而造成火灾。

（2）用火不慎

我国城乡居民家庭火灾绝大多数为生活用火不慎引起的。属于这类火灾的原因有：吸烟不慎、炊事用火不慎、取暖用火不慎、灯火照明不慎、小孩玩火、燃放烟花爆竹不慎、宗教活动用火不慎等。如使用明火熔化沥青、石蜡或熬制动、植物油时，因超过其自燃点而着火成灾；在烘烤木板、烟叶等可燃物时，因升温过高引燃烘烤的可燃物；对锅炉中排出的炽热炉渣处理不当，引燃周围可燃物等。

（3）遗留火种

遗留火种是主观意识、人为因素造成的火源。此类现象多发于宿舍及人员聚集区域，引发火情的因素较多且复杂，主要包括剩余烟头复燃、可燃物周围存在充电设备、用电设备未使用情况下未断电等。人员离开，但遗留火种任其发展扩大，将会导致火灾事故，说明人员的消防意识松懈、麻痹。

（4）吸烟

在一般情况下，烟头引起的火灾事故要经过一段时间的无火焰阴燃过程。当温度达到物质的燃点时即可燃烧，最后蔓延成灾。在大风天或高氧环境中，其燃烧速度相当快，而且这种情况多数发生在无人注意或难以发现的地方，往往发现较晚，一旦发现已经蔓延成灾。

（5）自燃

在没有任何明火的情况下，物质受空气氧化或外界温度、湿度的影响，经过较长时间的发热和蓄热，逐渐达到自燃点而发生燃烧的现象称为自燃。如大量堆积在库房里的油布、油纸，因为通风不好，内部发热，以致积热不散发生自燃。

上述火灾事故原因中，电气是引发火灾的首要原因，而生产作业火灾更容易导致人员伤亡。从统计的数据来看，电气火灾连续多年占比较高，图1-3为国家消防救援局2021年统计的火灾事故原因分布，其中电气火灾占比28.4%。除电气外，其他原因导致火灾的比例为：用火不慎为22.6%、遗留火种为13.7%、吸烟为10.9%、自燃为9.9%、生产作业为2.7%、玩火为1.0%、放火为0.6%、原因不明及其他为10.2%。

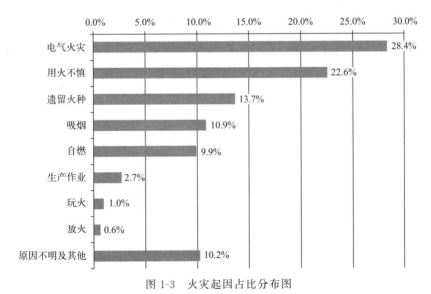

图 1-3　火灾起因占比分布图

（国家消防救援局 2021 年统计的火灾事故原因分布）

思考题

1. 按照我国相关规范，高层、多层建筑是如何划分的？

2. 用一句话解释什么是火灾，并概括火灾事故的特点。

3. 结合某个火灾案例，请思考一下如果你当时处于该火灾现场应如何进行疏散逃生？

4. 结合火灾案例，试分析大学生应该具备哪些逃生自救技能。

5. 调研分析我国近年来的火灾形势。

第 2 章

建筑火灾基础

火灾是时间或空间上失去对火控制的灾害性燃烧现象，会对人的生命安全构成严重威胁，还会造成经济损失、文明成果破坏、生态环境损坏、影响社会稳定等。与森林火灾、草原火灾等其他火灾相比，建筑火灾具有火势蔓延迅速、扑救困难、容易造成人员伤亡和经济损失严重等特点。本章对建筑火灾涉及的基本概念、发生发展过程以及轰燃、回燃等特殊火灾现象、火灾烟气等内容进行介绍。

2.1 建筑火灾

2.1.1 火灾荷载

火灾荷载是指一个空间内所有物品包括装修材料在内的总潜热能，直接决定着火灾持续时间的长短和室内温度的变化情况，它与可燃物的类型及数量均相关。

（1）建筑内的可燃物

建筑内的可燃物分为固定可燃物和移动可燃物两类。固定可燃物是指墙壁、顶棚、楼板等结构材料、装修材料以及门窗、固定家具等；移动可燃物是指家具、书籍、衣物、寝具、摆设等。固定可燃物数量很容易通过建筑物的设计图纸准确计算，移动可燃物数量一般由调查统计确定。建筑中典型可燃物包括易燃油品、沙发、装饰家具、窗帘、载满物品的邮袋、塑料泡沫、板条架、纸箱、木制家具、床垫等。

以高校建筑为例，高校建筑类型较多，建筑内的可燃物既有普通建筑的一般性，也有其特殊性，具体见表2-1。

表 2-1　高校建筑可燃物与火灾危险性示例

房屋类型	可燃物举例	燃烧特点与火灾危险性
教室	讲台、课桌椅	越来越多采用胶合板材料，燃烧危险性较低，但一旦燃烧会产生有毒烟雾
图书馆、档案馆、博物馆	大量纸质书籍、展品与资料，光盘等塑料制品，木质书架、展板、吊顶等装饰装修物	属可燃材料，其中塑料制品燃烧时产生有毒烟雾
实验室、实习场所及附属用房、专职科研机构用房	易燃、易爆实验用品	火灾性质复杂，有燃点低、易挥发、遇水燃烧、遇空气燃烧等不同用品；一些试剂燃烧时产生有毒烟雾；点火源类型多，属于高校火灾危险性最大的场所
体育场馆与风雨操场	球类、垫子等体育器材以及地板、塑胶等装饰物	可燃或易燃，燃烧时产生有毒烟雾
校、系行政用房	书籍资料、可燃家具、职工衣物等可燃物	点火源类型多，一些物品燃烧会产生有毒烟雾
会堂	桌椅、木质地板、布景装饰材料以及窗帘、地毯等纺织品	胶合板、海绵等材料燃烧时产生有毒烟雾
学生宿舍	床板、书桌、衣柜等木质家具，以及书籍、衣被等学生个人用品	点火源类型多，是高校火灾危险性最大的场所之一
外籍教师用房、留学生用房	书籍、衣被等个人用品	因不同生活习惯产生特殊的火灾危险性
教工宿舍、研究生用房	书籍、衣被等个人用品	点火源类型多，轿车等易占用消防通道
宾馆等接待用房	装饰装修物、棉被等	居住人员对环境不熟，起火时疏散不易
学生食堂、教工食堂	油锅用油、烟道积油	是高校火灾危险性最大的场所之一
附中、附小、附属幼儿园	桌椅、床等家具	未成年人防火意识差，用火相对不慎，疏散更困难
采暖地区的供暖锅炉房	煤或燃气	压力容器具有爆炸危险
自行车与摩托车棚、汽车库	汽油，杂物	存在可发生连环爆炸的危险

（2）建筑火灾荷载

建筑火灾荷载是衡量建筑物室内所容纳可燃物数量的一个参数，是研究火灾全面发展阶段性状的基本要素，即建筑物内所有可燃物由于燃烧而可能释放出的总能量。在建筑发生火灾时，建筑火灾荷载直接决定火灾的持续时间和室内温度的变化情况，是判断建筑物内火灾危险程度的依据。建筑火灾荷载与建筑面积之比即为建筑火灾荷载密度，部分常见场所的火灾荷载密度见表 2-2。

表 2-2　常见建筑类型火灾荷载密度

建筑类型	平均火灾荷载密度/(MJ/m²)	分位值/(MJ/m²)		
		80%	90%	95%
住宅	780	870	920	970
医院	230	350	440	520
仓库	2000	3000	3700	4400
宾馆、卧室	310	400	460	510
办公室	420	570	670	760
商店	600	900	1100	1300
工厂	300	470	590	720
学校	285	360	410	450

2.1.2　建筑火灾发生发展过程

建筑通常都具有多个内部空间，通常将这种空间称为"室"。"室"可以理解为其周围有某些壁面限制的空间，不仅包括一般建筑物内的办公室、会议室或客房，仓库、门厅及分隔间、火车和汽车的车厢、轮船船舱、飞机机舱等也都是有代表性的室。

在讨论火灾基本现象时，主要涉及与建筑普通房间大小相当的受限空间，其体积约为 100m³，且其长、宽、高的比例相差不大。之所以做出这种限制，是因为火灾现象与其所在空间的大小和几何形状有着密切的关系。对于空间很大（例如大商场、大展厅、大厂房等），或长度很长（例如铁路隧道、公路隧道、长通道等），或形状很复杂（例如地下商业街、大型公共活动中心）的空间中的火灾，与普通的供人居住和工作的房间中的火灾存在一定差别。

包含一两个房间在内的火灾是建筑火灾最基本最重要的形式，整栋建筑的火灾都是由这种局部火灾发展而来的。本节先结合图 2-1 简要说明双室火灾的发展过程。

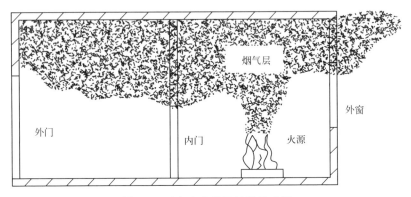

图 2-1　双室火灾发展过程示意图

首先是某种可燃物的着火阶段。可燃物是影响火灾严重性与持续时间的决定性因素，一般可分为气相、液相和固相三种形态，在一般建筑火灾中，初始火源大多数是固体可燃物。当然也存在液体或气体起火的情况，但较为少见。固体可燃物可由多种火源点燃，如掉在沙发或床单上的烟头、可燃物附近有异常发热的电器、炉灶的余火等。通常可燃固体先发生阴燃，当其到达一定温度或形成适合的条件时，阴燃便转变为明火燃烧。

明火出现后燃烧速率大大增加，放出的热量迅速增多，在可燃物上方形成温度较高、不断上升的火羽流，周围相对静止的空气受到卷吸作用不断进入羽流内，并与羽流中原有的气体发生掺混。于是随着高度的增加，羽流总的向上运动质量流量不断增加而其平均温度不断降低。

当羽流受到房间顶棚阻挡时，便在顶棚下方向四面扩散开来，形成了沿顶棚表面平行流动的热烟气层，这个过程一般称为顶棚射流，顶棚射流在向外扩展的过程中，也要卷吸其下方的空气。然而，由于顶棚下羽流温度比垂直上升的烟气低，所以它对周围气体的卷吸能力比垂直上升的羽流小得多，这便使得顶棚射流的厚度增长较慢。当火源功率较大或受限空间的高度较低时，火焰甚至可以直接撞击在顶棚上。这时在顶棚之下不仅有烟气的流动，而且有火焰的传播，这种情况更有助于火势蔓延。

当顶棚射流受到房间墙壁的阻挡时，便开始沿墙壁转向下流动。但由于烟气温度仍较高，它只下降不长的距离便转向上浮，这是一种反浮力壁面射流。重新上升的热烟气先是在墙壁附近积聚，达到一定厚度时又会慢慢向室内中部扩展，顶棚下方形成逐渐增厚的热烟气层。通常热烟气层形成后顶棚射流仍然存在，不过这时顶棚射流卷吸的已不再是冷空气，而是温度较高的烟气，所以贴近顶棚附近的温度会越来越高。

如果该房间有通向外部的开口（如门和窗等，通常称为通风口），当烟气层的厚度超过开口的拱腹（即其上边缘到顶棚的隔墙）高度时，烟气便可流到室外。拱腹越高，形成的烟气层越厚。开口不仅可向外排烟，还可以向里吸入新鲜空气，因而它的大小、高度、位置、数量等都对室内燃烧状况有着重要影响。烟气从开口排出后，可能进入外界环境中（如通过窗户），也可能进入建筑的走廊或与起火房间相邻的房间。当可燃物足够多时，这两者（尤其是后者）都会使火灾进一步蔓延，从而引起更大规模乃至整个建筑的火灾。

由此可见，在室内火灾中，存在着可燃物着火、火焰、羽流、热气层、顶棚射流、壁面和开口流动等多个分过程。在受限空间中，它们之间存在着强烈的相互作用。比如，由于可燃物燃烧而产生了火焰和高温烟气，火焰和热烟气限制在室内，使室内空间温度升高，同时也加热了该室的各个壁面，室内热量可由壁面导热作用而散失。如果有开口，另一部分热量会被外流的烟气带走。其余的热量将蓄在室内。如果没有开口，或者所有向外导出的热量比例不大，则室内的温度（及壁面内表面温度）将会升得更高。这样，火焰、热烟气层和壁面会将大量热量反馈给可燃物，从而加剧可燃物的气化（热分解）和燃烧，使燃烧面积越来越大，导致其他可燃物被点燃。当辐射传热很强时，离起火物较远的可燃物也会被引燃，火势将进一步增强，室内温度将继续升高。这种相互促进最终使火灾转化为一种极为猛烈的燃烧——轰燃。一旦发生轰燃，室中的可燃物基本上都开始燃烧，会造成严重的后果。

建筑火灾的蔓延过程可分为室内蔓延和室外蔓延两种情况。

（1）室内蔓延

对于初期极小火灾，如果可燃物的分布过于分散，将难以引燃其他可燃物而造成火势扩大；与此同时，若门窗紧闭或通风条件极差，也可以导致初期火灾自然熄灭。但是，火灾一旦引燃周边堆放的可燃物，火焰将会迅速蔓延，比如木桌、木凳、帷幔等丝织物、屋顶木架构、屋面望板等；空气的进入会引起燃烧的加剧。随着建筑主体构件的燃烧，建筑内部将发生轰燃。此时，建筑内的可燃物几乎在瞬间同时发生燃烧。单一建筑引起的火灾会使得相邻建筑（接触或非接触）接受大量热辐射，持续累积的辐射热量使得相邻建筑的可燃构件温度升高至燃点后，该构件就会被点燃并将引燃整个建筑，形成"火烧连营"的态势。

（2）室外蔓延

轰燃发生后，室内火焰或烟气会从窗户或其他开口或缝隙向房间外蔓延，这多是由室内可燃材料没有完全燃烧引起的。蔓延溢出的烟气温度比较高，并且含有较多的可以继续燃烧的挥发性物质，在烟气向外蔓延的过程中，通常可以将周围的易燃物引燃，以至于引起单体建筑整体着火甚至整个建筑群落的着火。

着火房间内的平均温度是表征火灾强度的一个重要指标，室内火灾的发展过程常用室内平均温度随时间的变化曲线表示。火灾的发展过程还经常用可燃物的质量燃烧速率随时间的变化曲线来分析，这两种曲线的形状相似。

对于通常的可燃固体火灾，室内平均温度的变化曲线可用图 2-2 中的曲线表示。室内火灾大体分成三个主要阶段，即初期增长阶段（或称轰燃前火灾阶

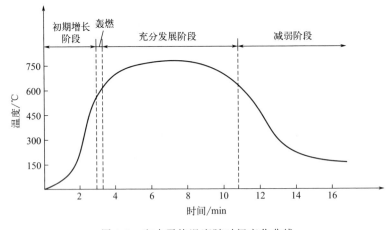

图 2-2　室内平均温度随时间变化曲线

段）、充分发展阶段（或称轰燃后火灾阶段）及减弱阶段（或称火灾的冷却阶段）。下面将对各阶段的主要特点进行分析。

（1）初期增长阶段

刚起火时，火区的体积较小，其燃烧状况与敞开环境中的燃烧差不多，如果没有外来干预，火区将逐渐增大，火焰在着火物体上扩大，或起火点附近的其他物体被引燃。不久，火区的规模便增大到房间体积对火灾燃烧发生明显影响的阶段。从这时起，房间的通风状况对火区的继续发展将发挥重要作用。在这一阶段中，室内的平均温度较低，因为总的热释放速率不高，不过在火焰和着火物体附近存在局部高温。

如果房间的通风足够好，火区将继续增大，直至轰燃阶段。这时室内所有可燃物都将着火燃烧，火焰基本上充满全室。轰燃标志着室内火灾由初期增长阶段转到充分发展阶段。由图 2-2 可知，轰燃相应于温度曲线陡升的那一小段。与火灾的其他主要阶段相比，轰燃所占时间是比较短暂的。因此有些人通常不把轰燃作为一个阶段看待，而认为它是一个事件，如同点火、熄灭等事件一样。

（2）充分发展阶段

进入这一阶段后，燃烧强度仍在增加，热释放速率逐渐达到某一最大值，室内温度通常会升到 800℃ 以上。因而，可以严重地损坏室内设备以及破坏建筑物本身的结构，甚至造成建筑物的部分毁坏或全部倒塌。高温火焰及烟气还会携带着相当多的可燃组分从起火室的开口蹿出，可能将火焰扩展到邻近房间或相邻建筑物中。此时，室内尚未逃出的人员是极难生还的。

（3）减弱阶段

这是火区逐渐冷却的阶段。一般认为，此阶段是从室内平均温度降到其峰值的 80% 左右开始的。这是室内可燃物的挥发分大量消耗致使燃烧速率减小的结果。最后明火燃烧无法维持，火焰熄灭，可燃固体变为炽热的焦炭。这些焦炭按照固定碳燃烧的形式继续燃烧，不过燃烧速率已比较缓慢。由于燃烧放出的热量不会很快散失，室内平均温度仍然较高，并且在焦炭附近还会存在局部高温。

以上关于室内火灾的自然发展过程，没有涉及人们的灭火行动。实际上一旦发生火灾，人们总是会尽力扑救，这些行动可以或多或少地改变火灾发展进程。如果在轰燃前就能将火扑灭，就可以有效地保护人员的生命安全和室内的财产设备，因而火灾初期的探测报警、及时扑救具有重要的意义。火灾进入到充分发展阶段后，灭火就比较困难了，但有效扑救仍可以抑制过高温度的出现、控制火灾的蔓延，从而使火灾损失尽量减少。

若火灾尚未发展到减弱阶段就被扑灭，可燃物中还会含有较多的可燃挥发分，而火区周围的温度在一段时间内还会高于平时，可燃挥发分可能继续析出。如果达到了合适的温度与浓度，还会再次出现有焰燃烧。因此，灭火后应当注意这种"死灰复燃"的问题。

2.2　特殊火灾现象

2.2.1　阴燃

火灾理论中把没有火焰的缓慢燃烧现象称为阴燃。很多固体物质，如纸张、锯末、纤维织物、纤维素板、胶乳橡胶以及某些多孔热固性塑料等，都有可能发生阴燃，特别是当它们堆积起来的时候。阴燃是固体燃烧的一种形式，是无可见光的缓慢燃烧，通常产生烟气，并伴有温度上升等现象。它与有焰燃烧的区别是无火焰。它与无焰燃烧的区别是阴燃能热解析出可燃气体，因此在一定条件下阴燃可以转变成有焰燃烧。

（1）发生阴燃的内部条件

可燃物必须是受热分解后能产生刚性结构的多孔碳的固体物质。如果可燃物受热分解产生的是非刚性结构的碳，如流动焦油状的产物就不能发生阴燃。例如，由丙烯腈和苯乙烯接枝的多元醇制得的柔性泡沫材料，在高温下会产生刚性很强的碳，故而容易发生阴燃。

（2）发生阴燃的外部条件

有一个适合的供热强度的热源。所谓适合的供热强度，是指能够发生阴燃的适合温度和一个适合的供热速率。

常见的能引起阴燃的热源有三种：自燃热源，一些稻草堆垛、粮食堆垛发生自燃时，由于内部环境缺氧，所以燃烧初期是阴燃；阴燃热源，阴燃本身可以成为引起其他物质阴燃的热源，比如烟头可以引起地毯、被褥的阴燃；有焰燃烧熄火后的阴燃。

2.2.2　轰燃

（1）轰燃形成的基本原因

轰燃是建筑火灾发展中的特有现象，是指当温度达到一定值时，房间内的局部燃烧向全室性燃烧过渡的现象。轰燃发生后，室内所有可燃物表面都开始燃烧。

通常建筑物内某个局部起火后，由于受可燃物的燃烧性能、分布状况、通风状况、起火点位置、散热条件等影响，可能出现以下三种情形：①明火只存在起火点附近，室内的其他可燃物没有受到影响。当某种可燃物在某个孤立位置起火时，多数火源为这种情形，此时火源燃尽后会自动熄灭；②如果通风条件不好，明火可能自动熄灭，也可能在氧气浓度较低的情况下以较慢速率维持燃烧；③如果可燃物较多且通风条件足够好，则明火可以逐渐扩展，乃至蔓延到整个房间。

轰燃是在第③种情形下出现的，它标志着火灾充分发展阶段的开始。发生轰燃后，室内所有可燃物的表面几乎都开始燃烧。这一定义也有一定的适用范围，不适用于非常长或非常高的受限空间。显然，在这些特殊建筑物内，所有的可燃物同时被点燃在理论上是不可能的。

轰燃的出现是燃烧释放的热量大量积累的结果，在顶棚和墙壁的限制下，火源处发出的热量不会很快从其周围散失。燃烧生成的热烟气在顶棚下的积累，将使顶棚和墙壁上部（两部分合称扩展顶棚）受到加热。如果火焰区的体积较大，火焰还可直接撞击到顶棚，甚至随烟气顶棚射流扩散开来，这样向扩展顶棚传递的热量就越来越多。随着扩展顶棚温度的升高，又以辐射的形式反馈到地面可燃物。另外，热烟气层本身对轰燃也具有重要影响。当烟气较浓且较多时，烟气层对房间下方的热辐射也很强。随着燃烧的持续，热烟气层的厚度和温度都在不断增加。以上两种因素都使可燃物的燃烧速率增大，当室内火源的释热速率达到发生轰燃的临界释热速率时，轰燃就会发生。

（2）轰燃的临界条件

一是顶棚附近的气体温度超过某一特定值（约 600℃）；二是地面的辐射热通量超过某一特定值（约 $20kW/m^2$）；三是火焰从通风开口喷出。此外，在轰燃发生之前，燃烧速率必须超过一定的临界值，并且要维持一段时间。在普通房间内，如果燃烧速率达不到 $40g/s$，是不会发生轰燃的；如果物品燃烧速率足够大，一件物品也能发生轰燃。

（3）轰燃现象特征

轰燃是火灾初期阶段向充分发展阶段转变的一个相对短暂的阶段，是燃烧速率急促增大的结果。在火灾中，引起燃烧速率增大的基本原因是由外界供给可燃物的能量增多。燃烧物上方的火焰是一种主要的能量源，在受限空间内积聚的热烟气及被烟气加热的固体壁面也可以提供一定的热量。当烟气量较大且较浓时，烟气层的热辐射将会很强。随着燃烧的持续，热烟气层的厚度和温度在不断增加，后两种因素的影响都在增强。

2.2.3 回燃

回燃是建筑火灾中的一种特有燃烧现象。当建筑物在门窗关闭情况下发生火灾时，生成的热烟气中往往含有大量的未燃可燃组分。如果由于某种原因造成一些新的通风口，如因燃烧造成的窗玻璃破裂和门窗烧穿、为了灭火而突然开门或进行机械送风等，致使新鲜空气突然进入，则积累的可燃烟气与新进入的空气可以发生不同程度的混合，进而发生强烈的气相燃烧。

通常在回燃前，热的可燃烟气浮在室内上部，后期进入的空气则沿室内下部流动，这是一种重力分层流。两者在交界面附近扩散掺混，生成可燃混合气。回燃是在烟气与空气交界面附近发生的非均匀预混燃烧，形成的火焰大体沿交界区迅速蔓延开来。若气体扰动较大，混合区将会加厚，火焰可基本充满全室，并从开口蹿出，甚至引起爆炸。

回燃与前面所说的轰燃有所不同，主要是轰燃并不需要突然增大的空气量；回燃持续的时间较短，但由于积累的烟气量较大，且是在体积相当大的房间发生的快速燃烧，故可引起室内温度急剧升高，促使火灾迅速转变为轰燃。

控制新鲜空气的突然流入对防止回燃具有重要作用。当扑灭建筑火灾时，若尚未做好灭火准备，不要轻易打开门窗，以避免生成可燃混合气。烟气中的可燃组分存在是发生回燃的基本条件。研究表明，可燃组分的浓度必须达到10％才能发生回燃，当其浓度超过15％时就可形成猛烈的火团。在灭火过程中，打开房间顶棚或墙壁上部的排烟口将烟气直接排到室外都有利于降低可燃物的浓度。

通常烟气与空气掺混生成的可燃混合气体达不到它自身的自燃温度，所以发生回燃还需要点火源。明火焰、隐蔽的火种、电火花等都可能构成回燃点火源。起火房间内的火焰是典型的明火，空气由远处扩散到火焰点后就可以引发回燃，有人发现，这种火焰可沿着走廊蔓延到几十米以外的地方。火灾中还存在多种隐蔽的点火源，如房间内某些物品后部或内部起火，可因为氧气缺乏而燃烧不强，一旦除去遮挡物，该处便迅速发生燃烧，这是一种延迟性回燃。电火花也经常构成回燃点火源。因此，在发生火灾时必须禁止启动无防爆措施的电气设备。

回燃产生的温度和压力都相当高，具有很大的破坏力，无论对人对物都容易造成重大危害。尤其需要指出的是，它对灭火人员的威胁非常严重。由于回燃是一种延迟性燃烧，灭火人员对此往往缺乏防备，很容易受到意外伤害。

2.3　火灾烟气及其危害

2.3.1　火灾烟气的产生及组成

火灾烟气生成与燃烧情况有着密切联系。对于正常的燃烧情况，燃烧条件得到良好的保证，燃烧进行得比较完全，所生成的产物都不能再燃烧，这种燃烧称为完全燃烧，其燃烧产物称为完全燃烧产物。在完全燃烧的状态下，燃烧产物主要以气态形式存在，其成分主要取决于可燃物的组成和燃烧条件。

对于非正常的燃烧情况，没有良好的燃烧条件，燃烧进行得不完全，称为不完全燃烧，相应的燃烧产物称为不完全燃烧产物。在不完全燃烧的状态下，燃烧产物含有醇、醚等有机化合物。这些燃烧产物多为有毒气体，对人体的呼吸系统、循环系统、神经系统会造成不同程度的伤害，影响人的正常呼吸和安全疏散。由于建筑物发生火灾时属于受限火灾，并且有喷淋系统或者外在介质参与灭火，其燃烧属于不完全燃烧。

燃烧反应通常伴有产生火焰、发光和发烟的现象。在物质燃烧过程中往往还伴随着热分解反应。热分解是由于温度升高而发生的无氧化作用的不可逆化学反应。在一定的温度下，燃烧反应的速率并不快，但热分解的速率却很快。这种热分解反应没有火焰和发光现象，但却有发烟现象。热分解的产物往往和燃烧产物掺混在一起，很难区分。由此可知，火灾烟气是燃烧和热分解产物的混合物，是由可燃物燃烧和热解所生成的气体以及悬浮在其中的可见的固体、液体微粒及剩余空气的总称。

在火灾扑救过程中，由于采取不同的措施和灭火剂，也会相应产生一些不同的气体。一般情况下采用水扑救时，只产生大量的水蒸气，但如果某些燃烧物质本身与灭火剂能起化学反应，则会产生一些其他有害物质，如硫化氢、二氧化硫等，严重时会造成扑救人员中毒伤亡事故，这在历史上是有沉痛教训的。

火灾烟气的成分和性质不仅取决于发生热解和燃烧的物质本身的化学组成，还与燃烧条件有关。所谓燃烧条件是指环境的供热条件、环境的空间时间条件和供氧条件。由于火灾时参与燃烧的物质比较复杂，尤其是发生火灾的环境条件千差万别，所以火灾烟气的组成也相当复杂。不过，就总体而言，火灾烟气由热解和燃烧所生成的气（汽）体、悬浮微粒及剩余空气三部分组成。

（1）热解和燃烧所生成的气（汽）体

大部分可燃物质都属于有机化合物，其主要由碳、氢、氧、硫、磷、氮等元素组成。在一般温度条件下，氮在燃烧过程中不参与化学反应而呈游离状态析出，而氧作为氧化剂在燃烧过程中消耗掉了。碳、氢、硫、磷等元素则与氧化合生成相应的氧化物，即二氧化碳、一氧化碳、水蒸气、二氧化硫和五氧化二磷等。此外，还产生少量氢气和碳氢化合物。

在现代建筑内，装修复杂，各种室内用品及家具越来越多。除了一些室内家具和门窗采用木质材料外，其余大量的装修材料、家具和用品采用高分子合成材料，如建筑塑料、高分子涂料、聚苯乙烯泡沫塑料保温材料、复合地板、环氧树脂绝缘层、化纤制的家具、沙发和床上用品等。这些高分子合成材料的燃烧和热解产物比单一的木质材料要复杂得多。建筑火灾中常见的可燃物的燃烧产物如表 2-3 所示。

表 2-3 建筑火灾中常见可燃物的燃烧产物

可燃物	燃烧产物
所有含碳类可燃物	CO_2、CO
聚氨酯、硝化纤维等	NO、NO_2
硫及含硫类(橡胶)可燃物	SO_2、SO_3
人造丝、橡胶、二硫化碳等	H_2S
磷类物质	P_2O_5、PH_3
聚氯乙烯、氟塑料等	HF、HCl、Cl_2
尼龙等	NH_3、HCN
聚苯乙烯	苯
羊毛、人造丝等	羧酸类(甲酸、乙酸、己酸)
木材、酚醛树脂、聚酯	醛类、酮类
高分子材料热分解	烃类(CH_4、C_2H_2、C_2H_4 等)

（2）热解和燃烧所生成的悬浮微粒

火灾烟气中热解和燃烧所生成的悬浮微粒，称为烟粒子。这些微粒通常包括游离碳（炭黑粒子）、焦油类粒子和高沸点物质的凝缩液滴等。这些固态或液态的微粒，悬浮在气相中，随其飘移。由于烟粒子的性质不同，所以在火灾发展的不同阶段，烟气的颜色亦不同。在起火之前的阴燃阶段，由于干馏热分解，主要产生的是一些高沸点物质的凝缩液滴粒子，烟气常呈白色或青白色；而在起火阶段，主要产生的是炭黑粒子，烟气呈黑色，表现为滚滚黑烟。

（3）剩余空气

在燃烧过程中，没有参与燃烧反应的空气称为剩余空气。如果把理论上单位质量物质完全燃烧时所必需的空气量定义为理论空气量 V_0，那么燃烧时所供给的实际空气量 V 与理论空气量 V_0 之比，称为剩余空气率或过量空气系数 α，即

$$\alpha = \frac{V}{V_0} \qquad\qquad (2\text{-}1)$$

显然，当 $\alpha > 1$ 时，空气过剩；而 $\alpha < 1$ 时，空气不足。

实际着火房间中的燃烧过程往往是在氧气不足的情况下进行的，如果由于某种因素改善其供氧条件，火势就会加大。所以，在火灾扑救活动中，控制供氧甚至隔绝氧气是经常采用的措施。这就是说，着火房间向内产生的烟气在一般情况下并没有剩余空气，但是，一旦门、玻璃窗破碎或房门被打开，大量空气涌进着火房间时，就会存在剩余空气。

应当指出，当着火房间内的烟气蹿出房门流到走廊或没有发生火灾的房间时，将很快与周围的空气混合，成为烟气与空气的混合气体，这部分空气不应看作火灾烟气生成过程中的剩余空气。

2.3.2　室内烟气蔓延

烟气在建筑内的流动，在不同燃烧阶段表现是不同的。火灾初期，热烟密度小，烟带着火舌向上升腾，遇到顶棚，即转为水平方向运动，其特点是呈层流状态流动。试验证明，这种层流状态可保持 40～50m。烟在顶棚下向前运动时，如遇梁或挡烟垂壁，烟气受阻，此时烟会倒折回来，聚集在空间上方，直到烟的层流厚度超过梁高时，烟才会继续前进，填充另外的空间。此阶段，烟气扩散速度约为 0.3m/s。轰燃前，烟气扩散速度为 0.5～0.8m/s，烟占走廊高度约一半。轰燃时，烟被喷出的速度高达每秒数十米，烟气在失火房间几乎降到地面。烟在垂直方向的流动也是很迅速的。试验表明，烟气上升速度比水平流动速度大得多，可达到 3～5m/s。建筑物中走廊烟气的流动及下降过程见图 2-3。

建筑物中烟气蔓延的主要途径有：①孔洞开口蔓延。②穿越墙壁的管线和缝隙蔓延。③闷顶内蔓延。由于烟火是向上升腾的，因此顶棚上的人孔、通风口等都是烟火进入的通道。闷顶内往往没有防火分隔墙，空间大，很容易造成火灾水平蔓延，并通过内部孔洞再向四周的房间蔓延。④外墙面蔓延，在外墙面，高温热烟气流会促使火焰蹿出窗口向上层蔓延。一方面，由于火焰与外墙

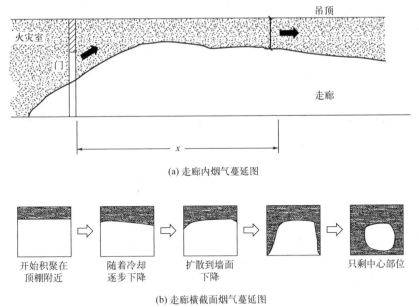

(a) 走廊内烟气蔓延图

开始积聚在　随着冷却　扩散到墙面　　　　　只剩中心部位
顶棚附近　逐步下降　下降

(b) 走廊横截面烟气蔓延图

图 2-3　烟气在走廊中的流动

面之间的空气受热逃逸形成负压，周围冷空气的压力致使烟火贴墙面而上，火蔓延到上一层；另一方面，由于火焰贴附外墙面向上蔓延，致使热量透过墙体引燃起火层上面一层房间内的可燃物。建筑物外墙窗口的形状、大小对火势蔓延有很大影响。

2.3.3　烟囱效应

当建筑物内外的温度不同时，室内外空气的密度随之出现差别，这将引发浮力驱动的流动。竖井是发生这种现象的主要场合，在竖井中，由于浮力作用产生的气体运动十分显著，通常称这种现象为烟囱效应。在火灾过程中，烟囱效应是造成烟气向上蔓延的主要因素。超高层建筑内部核心筒区域含有电梯井、楼梯间、中庭等一系列的竖向通道。寒冷的冬季室外温度较低，而因为供暖会使得室内外形成较大的温差，室外密度较大的冷空气从建筑底部开口或孔隙渗透到建筑内部，进入室内的冷空气沿着电梯井、楼梯间、中庭等上下连通的通道向上运动，当空气到达建筑上层后会沿着上部楼层一些开口或孔隙排出室外。这种由于室内外温差驱动作用在竖井通道内外形成的空气流动现象被称为烟囱效应。在炎热的夏季，室内外温差与冬季相反，温差驱动形成的空气流动也与冬季相反，这种现象也被称为逆烟囱效应。

烟囱效应作用会对超高层建筑的使用产生多方面的影响：有效利用烟囱效应可以解决建筑内部自然通风问题，节约能耗；烟囱效应还可能带来许多不利影响，这些不利影响会给人们的生活带来诸多不便。这些问题包括：①高层建筑中烟囱效应会产生大量能耗，增加建筑成本。②影响建筑内部的电梯正常使用，影响人们的正常生活。在冬季严寒的地区，高层建筑内部电梯行程较长，在建筑负一层、负二层等较低的楼层，烟囱效应会使得竖井内外形成较大的压差，当过大的压差超过电梯最大承压阈值时，会导致电梯门开闭故障。此外，大量空气渗入会在大堂或电梯井产生啸叫，造成噪声污染。③高层住宅内部可燃物多，火灾发生时人员疏散较为困难，当烟囱效应发生时，底楼燃烧产生的有毒气体、热空气等经电梯井、走廊、走火通道内得以迅速向上流动，使得高热气体源源不断往通道的顶部积聚，这就使得火势通过空气对流在高层建筑的顶层形成另一个火场。

2.3.4 火灾烟气危害

火灾烟气的危害主要表现在缺氧窒息、中毒、减光、尘害和高温等方面。

（1）缺氧窒息作用

在火灾现场，由于可燃物燃烧消耗空气中的氧气，空气中氧含量大大低于人们正常生理所需，从而给人体造成危害。氧含量下降对人体的危害见表2-4，由日本1962年和1975年先后两次进行的实体火灾实验所得，一般火灾发生时氧气含量最低为3%（体积分数），因此，建筑内人员在发生火灾时不能及时撤出是非常危险的。

表 2-4　氧含量下降对人体的危害

氧含量/%	对人体的危害情况
12~16	呼吸和脉搏加快,引起头疼
9~14	判断力下降,全身虚脱,发绀
6~10	意识不清,引起痉挛,6~8min死亡
6	5min致死

CO_2 是许多可燃物燃烧的主要产物。在空气中，CO_2 含量过高会刺激呼吸系统，引起呼吸加快，从而产生窒息作用。CO_2 含量对人体的危害见表 2-5。

表 2-5 CO_2 含量对人体的危害

CO_2 含量/%	对人体的危害情况
1~2	有不适感
3	呼吸中枢受刺激,呼吸加快,脉搏加快,血压上升
4	头疼、晕眩、耳鸣、心悸
5	呼吸困难,30min 产生中毒症状
6	呼吸急促,呈困难状态
7~10	数分钟意识不清,出现紫斑,死亡

（2）毒性、刺激性及腐蚀性作用

燃烧产物中含有多种有毒性和刺激性的气体，在着火的房间等场所，这些气体的含量极易超过人们生理正常所允许的最高含量，从而造成中毒或刺激性危害。另外，有的产物或其水溶液具有较强的腐蚀性作用，会造成人体组织坏死或化学灼伤等危害。下面介绍几种典型产物的毒害作用。

① 一氧化碳（CO）。CO 是一种毒性很大的气体，在火灾中由 CO 引起的中毒死亡事故较多。这是由于它能破坏血液里的血红蛋白与氧结合，从而使血液失去输氧功能。CO 含量对人体的影响见表 2-6。

表 2-6 CO 含量对人体的影响

CO 含量/%	对人体影响情况
0.04	2~3h 有轻度前头疼
0.08	1~2h 内前头疼、呕吐,2.5~3h 内后头疼
0.16	45min 内头疼、眩晕、呕吐、痉挛,2h 失明
0.32	20min 内头疼、眩晕、呕吐、痉挛,10~15min 致死
0.64	1~2min 内头疼、眩晕、呕吐、痉挛,10~15min 致死
1.28	1~3min 致死

② 二氧化硫（SO_2）。SO_2 是一种含硫可燃物（如橡胶）燃烧时释放出的产物。SO_2 具有毒性，是大气污染中危害较大的一种气体。它能刺激人的眼睛和呼吸道，引起咳嗽，甚至导致死亡。同时，SO_2 极易形成一种酸性的腐蚀性溶液。SO_2 含量对人体的影响见表 2-7。

表 2-7　SO_2 含量对人体的影响

SO_2 含量/%	SO_2 质量浓度/(mg/L)	对人体影响情况
0.0005	0.0146	长时间作用无危险
0.001~0.002	0.029~0.058	气管感到刺激,咳嗽
0.005~0.01	0.146~0.293	1h无直接危险
0.05	1.46	短时间有生命危险

③ 氯化氢（HCl）。HCl 是一种具有较强毒性和刺激性的气体，它能吸收空气中的水分成为酸雾，具有较强的腐蚀性，在含量较高的环境中会强烈刺激人的眼睛，引起呼吸道发炎和肺水肿。HCl 含量对人体的影响见表 2-8。

表 2-8　HCl 含量对人体的影响

HCl 含量/%	对人体影响情况
$(0.5 \sim 1) \times 10^{-4}$	有轻度刺激
5×10^{-4}	对鼻腔有刺激,不舒服
10×10^{-4}	对鼻腔有强烈刺激,忍受时间不能超过 30min
35×10^{-4}	短时间对咽喉有刺激
50×10^{-4}	短时间忍受的临界含量
1000×10^{-4}	有生命危险

④ 氰化氢（HCN）。HCN 是一种剧毒气体，主要是聚丙烯腈、尼龙、丝、毛发等蛋白质物质的燃烧产物。HCN 可以任何比例与水混合形成剧毒的氢氰酸。HCN 含量对人体的影响见表 2-9。

表 2-9　HCN 含量对人体的影响

HCN 含量/%	对人体影响情况
0.0018~0.0036	数小时后出现轻度中毒症状
0.0045~0.0054	耐受 0.5~1h 无大伤害

续表

HCN 含量/%	对人体影响情况
0.0110～0.0125	0.5～1.1h 有生命危险或致死
0.135	30min 致死
0.181	10min 致死
0.270	立即死亡

⑤ 氮的氧化物。氮的氧化物主要有 NO 和 NO₂，是硝化纤维等含氮有机化合物的燃烧产物，硝酸和含硝酸盐类物质的爆炸产物中也含有 NO、NO₂ 等。它们都是毒性和刺激性气体，能刺激呼吸系统，引起肺水肿，甚至死亡。氮的氧化物含量对人体的影响见表 2-10。

表 2-10 氮的氧化物含量对人体的影响

氮的氧化物含量/%	氮的氧化物的质量浓度/(mg/L)	对人体影响情况
0.004	0.019	长时间作用无明显反应
0.006	0.29	短时间气管感到刺激
0.01	0.48	短时间气管感到刺激、咳嗽，继续作用危害生命
0.025	1.2	短时间可迅速致死

⑥ 其他毒性气体。木材制品燃烧产生的醛类，聚氯乙烯燃烧产生的氢氯化合物都是刺激性很强的气体，甚至是致命的。例如，当烟气中丙烯醛的体积分数达到 $5.5×10^{-6}$ 时，上呼吸道会产生刺激症状；当体积分数大于 $10×10^{-6}$ 时，就能引起肺部的变化，数分钟内即可死亡。而木材燃烧的烟气中丙烯醛的体积分数能够大于 $50×10^{-6}$，加之烟气中还有甲醛、乙醛、氢氧化物、氰化氢等毒气，对人体都是极为有害的。

（3）减光性

可见光的波长为 $0.4～0.7\mu m$，一般火灾烟气中烟粒子粒径为几微米到几十微米，即烟粒子的粒径大于可见光的波长，这些烟粒子对可见光是不透明的，也就是说对可见光有完全的遮蔽作用。当烟气弥漫时，可见光因受到烟粒子的遮蔽，导致能见度大大降低。同时，烟气中的有些气体对人眼有极大的刺激性，如 HCl、NH₃、HF、SO₂、Cl₂ 等，从而使人们在疏散过程中的行进速度大大降低，这就是烟气的减光性。它不仅妨碍迅速的疏散活动，也妨碍正常的扑救活动。

（4）尘害

火灾烟气中悬浮微粒是有害的，危害最大的是颗粒直径小于 $10\mu m$ 的飘尘，它们肉眼看不见，能长期飘浮在大气中，少则数小时，长则数年。尤其是小于 $5\mu m$ 的飘尘，由于气体的扩散作用，能进入人体肺部，粘附并聚集在肺泡壁上，引起呼吸道疾病和增大心脏病死亡率，对人体造成直接危害。

（5）高温

火灾烟气的高温对人、对物都可产生不良影响。对人的影响可分为直接接触影响和热辐射影响。在着火房间内，火灾烟气具有较高的温度，可高达数百摄氏度，在地下建筑中，火灾烟气温度甚至可高达 1000℃ 以上，这样的高温对人是绝对致命的。

当人体吸入高温的有毒烟气，会严重灼伤呼吸道，"重创"呼吸系统，轻者刺激呼吸道黏膜，导致慢性支气管炎，重者即便被救出了火场，也难以脱离生命危险。若烟气层高于人体头部，人员主要受到热辐射的影响，热辐射强度的影响作用是随着距离的增加而衰减的。一般认为，在层高不超过 5m 的普通建筑中，烟气层的温度高于 180℃ 时会对人体构成威胁。

烟气温度过高还会严重影响材料的性质。钢筋混凝土材料的力学性能会随着温度升高而变差，尤其对于采用钢筋混凝土的建筑，更需要注意高温烟气的影响，并采取适当的防护措施。在建造大空间建筑中经常采取大跨度的钢架屋顶，而钢材的力学性能也会随着温度升高而显著下降，超过一定限度还会发生坍塌，在建筑火灾中已多次发生过这种情况。因此，控制火灾烟气温度是减少火灾损失的重要方面。

思考题

1. 简述火灾的定义及分类。
2. 简述室内火灾发生的过程及影响建筑火灾的主要因素。
3. 思考并描述通风对火灾燃烧的影响。

4. 简述什么是火灾烟气，并介绍其组成、危害和控制方式。

5. 简述烟囱效应对高层建筑产生的影响。

6. 结合所学知识，试分析环形走廊发生火灾时，该如何自救逃生。

第 3 章

建筑防火

3.1 建筑防火概述

（1）建筑防火原理与原则

建筑防火是根据社会群体行为的规律和后果，采取相应的技术手段，实现控制建筑火灾发生、避免和减轻火灾对人的生命以及财产造成危害的目的，满足人们对建筑消防安全的需要。建筑防火一般遵循三个原则：①从设计上保证建筑内的火灾隐患降到最低点；②早期发现火情，及时灭火；③建筑结构需耐火，能快速疏散和争取扑救时间。

（2）建筑防火的基本技术措施

① 防火。在设计中破坏燃烧、爆炸条件，比如控制可燃材料、对燃油燃气和用火用电采取可靠的防范措施。建筑结构防火方面，正确选择和确定建筑耐火等级，是防止火灾发生和阻止火灾蔓延扩大的一项基本措施。建筑材料防火方面，合理选用建筑防火材料，从而保护火灾中受困人员免受或少受高温有毒烟气侵害，争取更多疏散时间。

② 避火。合理设计疏散通道、疏散设施和安全出口，设置防排烟设施，在发生火灾时让人们能够顺利避火逃生。建筑内实行防火分区和防火分隔，可以有效控制火势蔓延，既利于人员疏散和扑救火灾，又能减少损失。

③ 控火。一是控制火灾在初起阶段，如安装火灾自动报警和自动灭火系统；二是把火灾控制在较小范围，如设置防火分区、防火间距等。

④ 耐火。加强建筑整体耐火稳定性，使其在火灾中不致倒塌。

（3）建筑总平面布置

建筑总平面布置主要指建筑物之间的防火间距与消防车道的设计要满足城市规划和消防安全要求：①根据建筑的使用性质、经营规模、高度、体积及火灾危险性等，从周围环境、地势条件、主导风向等方面综合考虑，合理选择建筑位置；②根据实际需要划分生产区、储存区、办公和生活区等；③防止因热传导、热对流、热辐射导致火势向相邻建筑或同一建筑的其他空间蔓延；④考虑扑救火灾时所必需的消防车道、消防水源和消防扑救面。

3.2 常用建筑材料及其高温性能

建筑由各种建筑材料组成。建筑材料包括平板状建筑材料、铺地材料、管状绝热材料，以及建筑用制品，包括窗帘幕布、家具制品、装饰用织物，电线电缆套管、电气设备外壳及附件，电器家具制品用泡沫塑料，软质和硬质家具等。建筑材料的主要作用包括三个方面：第一，作为结构材料，承受各种荷载；第二，作为室内外装修材料；第三，作为功能材料，主要用于保温、隔热、防水、防潮、防火等方面。

常见建筑材料可按不同原则进行分类。根据材料来源，可分为天然材料及人造材料；根据使用部位，可分为结构材料、屋面材料、墙体材料和地面材料等；根据建筑功能，可分为结构材料、装饰材料、防水材料、绝热材料等；根据组成物质的种类及化学成分，可分为无机材料、有机材料和复合材料等。常用建筑材料的分类如表 3-1 所示。

表 3-1　常用建筑材料分类表

类型	建筑材料及举例
建筑结构材料	砖混结构：石材、砖、混凝土、钢筋
	钢木结构：建筑钢材、木材
墙体材料	砖及砌块：普通砖、空心砖、硅酸盐砌块
	墙板：混凝土墙板、石膏板、复合墙板
建筑功能材料	防水材料：沥青及其制品
	绝热材料：石棉、矿棉、玻璃棉、膨胀珍珠岩
	吸声材料：木丝板、毛毡、泡沫塑料

续表

类型	建筑材料及举例
建筑功能材料	采光材料:窗用玻璃
	装饰材料:涂料、塑料装饰材料、铝材
无机材料-非金属材料	天然石材:石子、砂、毛石、料石
	烧土制品:黏土砖、瓦、空心砖、建筑陶瓷
	玻璃:窗用玻璃、安全玻璃、特种玻璃
	胶凝材料:石灰、石膏、水玻璃、各种水泥
	混凝土及砂浆:普通混凝土、轻混凝土、特种混凝土、各种砂浆
	硅酸盐制品:粉煤灰砖、灰砂砖、硅酸盐砌块
	绝热材料:石棉、矿棉、玻璃棉、膨胀珍珠岩
无机材料-金属材料	黑色金属:生铁、碳素钢、合金钢
	有色金属:铝、锌、铜及其合金
有机材料	木材、竹材、软木、毛毡
	石油沥青、煤沥青、沥青防水制品
	塑料、橡胶、涂料、胶黏剂
复合材料	聚合物混凝土、沥青混凝土、水泥刨花板、玻璃钢

建筑材料的高温性能主要包括燃烧性能、高温力学性能、导热性能、隔热性能、发烟性能和毒性性能六个方面。作为装饰材料和功能材料,主要关注其燃烧性能、发烟性能和毒性性能;而作为结构材料,更关注其高温力学性能、隔热性能和导热性能。

① 燃烧性能。燃烧性能是指材料、产品和(或)制品燃烧或遇火所发生的一切物理力学变化,也就是对火反应的特性,即材料的可燃性,包括非燃、难燃、可燃和易燃;火焰的传播性,包括燃烧速度、发热量及燃烧方式。国家标准《建筑材料及制品燃烧性能分级》(GB 8624—2012)将建筑材料及制品划分为四个等级,分别是:不燃建筑材料、难燃建筑材料、可燃建筑材料和易燃建筑材料。

不燃建筑材料是指在空气中受到火烧或高温作用不起火、不燃烧、不炭化的建筑材料,如各类岩石、水泥制品等;难燃建筑材料是指空气中受到火烧或高温作用难起火、难炭化,当火源移走后,燃烧或微燃立即停止的建筑材料,如纸面石膏板、水泥刨花板、难燃木材、硬质 PVC 塑料地板等;可燃建筑材料是指空气中受到火烧或高温作用时,立即燃烧或微燃,并且离开火源仍能继续燃烧或微燃的建筑材料，如天然木材、木质人造板、竹材、木地板、聚乙烯塑料制品；易燃建筑材料是指在空气中受到火烧或高温作用，立即起火，且火焰传播速度很快的建筑材料，如有机玻璃、泡沫塑料等。

② 高温力学性能。高温力学性能是指在火灾高温下或高温后，材料力学性能，包括强度、弹性模量等随温度升高而变化的规律。结构材料高温下和高温后良好的力学性能保证结构构件承载能力，防止结构坍塌。

③ 导热性能。导热性能好的材料，往往耐火性能比较差，这取决于材料的热导率和热容量。例如，钢材的导热性能良好，其耐火性能较差，混凝土材料的导热性能差，其耐火性能好。

④ 隔热性能。材料的热导率和比热容是两个重要参数。另外，同一类材料由于具有不同的变形特性而对隔热性能产生不同的影响，这些特征包括膨胀、收缩、变形、裂缝、熔化、熔融、粉化等。

⑤ 发烟性能。不同可燃物在不同燃烧条件下产生的烟气具有不同的特征，例如烟气的颗粒大小及粒径分布、烟气的浓度、烟气的光密度及火场能见度等。烟气颗粒大小用颗粒的平均粒径表示，同时采用粒径的标准差来表示颗粒分布范围。烟气的浓度是由烟气中所含固体颗粒或液滴的多少及性质来决定的，一般采用质量密度法、颗粒浓度法、光通量法等方法表示。

3.3　建筑耐火等级

3.3.1　建筑耐火等级的含义

建筑耐火等级是指根据有关规范或标准的规定，建筑物、构筑物或建筑构件、配件、材料所应达到的耐火性分级。建筑耐火等级是衡量建筑耐火程度的标准，它是由组成建筑的墙体、柱、梁、楼板等主要构件的燃烧性能和最低耐火极限决定的。

在防火设计中，建筑整体的耐火性能是保证建筑结构在发生火灾时不发生较大破坏的根本，而单一建筑结构构件的燃烧性能和耐火极限是确定建筑整体耐火性能的基础。建筑耐火等级是由组成建筑的墙、柱等主要结构的燃烧性能和耐火极限决定的，共分为四级。

3.3.2 建筑耐火等级的划分

划分建筑耐火等级的目的，在于根据建筑物的不同用途提出不同的耐火等级要求，做到既有利于安全，又利于节约投资。大量火灾案例表明，耐火等级高的建筑，火灾时烧坏、倒塌的很少，造成的损失也小，而耐火等级低的建筑，火灾时不耐火，燃烧快，损失也大。因此，为了确保基本建筑构件能在一定的时间内不被破坏、不传播火焰，从而起到延缓或阻止火势蔓延的作用，并为人员的疏散、物资的抢救和火灾的扑灭赢得时间以及为火灾后结构修复创造条件，应根据建筑的使用性质确定其相应的耐火等级。

我国现行有关国家标准选择楼板作为确定建筑构件耐火极限的基准。因为在诸多建筑构件中楼板是最具代表性的一种至关重要的构件。作为直接承受人和物的构件，其耐火极限的高低对建筑的损失和室内人员在火灾情况下的疏散有极大的影响。在制定分级标准时，首先确定各耐火等级建筑物中楼板的耐火极限，然后将其他建筑构件与楼板相比较，在建筑结构中所占的地位比楼板重要者，其耐火极限应高于楼板；比楼板次要者，其耐火极限可适当降低。

普通建筑，是指地面以上，10 层和 10 层以下的住宅建筑或建筑高度低于 24m 的公共建筑，2 层及 2 层以下、建筑高度不超过 24m 的厂房或库房，单层建筑。根据《建筑设计防火规范（2018 年版）》（GB 50016—2014），明确了建筑构件的燃烧性能和耐火极限，见表 3-2。

表 3-2   建筑构件的燃烧性能和耐火极限   单位：h

构件名称		耐火等级			
		一级	二级	三级	四级
墙	防火墙	不燃性 3.00	不燃性 3.00	不燃性 3.00	不燃性 3.00
	承重墙	不燃性 3.00	不燃性 2.50	不燃性 2.00	难燃性 0.50
	非承重外墙	不燃性 1.00	不燃性 1.00	不燃性 0.50	可燃性

续表

构件名称		耐火等级			
		一级	二级	三级	四级
墙	楼梯间和前室的墙,电梯井的墙,住宅建筑单元之间的墙和分户墙	不燃性 2.00	不燃性 2.00	不燃性 1.50	难燃性 0.50
	疏散走道两侧的隔墙	不燃性 1.00	不燃性 1.00	不燃性 0.50	难燃性 0.25
	房间隔墙	不燃性 0.75	不燃性 0.50	难燃性 0.50	难燃性 0.25
柱		不燃性 3.00	不燃性 2.50	不燃性 2.00	难燃性 0.50
梁		不燃性 2.00	不燃性 1.50	不燃性 1.00	难燃性 0.50
楼板		不燃性 1.50	不燃性 1.00	不燃性 0.50	可燃性
屋顶承重构件		不燃性 1.50	不燃性 1.00	可燃性 0.50	可燃性
疏散楼梯		不燃性 1.50	不燃性 1.00	不燃性 0.50	可燃性
吊顶(包括吊顶格栅)		不燃性 0.25	难燃性 0.25	难燃性 0.15	可燃性

一般来说,城市新建筑的耐火等级以一级、二级为主,老建筑以二级、三级为主,农村根据地域和经济发展的程度不同,建筑级别呈区域性分布。经济发达地区农村建筑以一级、二级为主,经济欠发达地区以二级、三级为主,经济落后地区以三级、四级为主。由于三级、四级所占的比例大,多用于经营商品、存放物资,使用频率高,室内存有大量的生活、办公用品等,所以发生火灾的概率高,占火灾的绝对比例也大。

3.3.3 部分建筑构件的特殊要求

① 一、二级耐火等级厂房(仓库)的屋面板应采用不燃材料,如钢筋混

凝土屋面板或其他不燃屋面板。对于三、四级耐火等级建筑的屋面板，要尽量采用不燃、难燃材料，以防止火灾通过屋顶蔓延。屋面防水层宜采用不燃、难燃材料，当采用可燃防水材料且铺设在可燃、难燃保温材料上时，防水材料或可燃、难燃保温材料应采用不燃材料作为防护层。当屋面板采用金属夹芯板材时，其芯材应为不燃材料，且应符合相应构件的耐火极限要求。

② 建筑中的非承重外墙、房间隔墙和屋面板，当确需采用金属夹芯板材时，其芯材应为不燃材料，且耐火极限应符合《建筑设计防火规范（2018 年版）》（GB 50016—2014）的有关规定。对金属夹芯板材的使用做出以下限制：a. 建筑中的防火墙、承重墙、楼梯间的墙、疏散走道隔墙、电梯井的墙以及楼板等具有较高燃烧性能和耐火极限要求的构件，不能采用金属夹芯板材。b. 对于非承重外墙、房间隔墙，确需采用金属夹芯板材的，夹芯材料应为 A 级，且要符合相应构件的耐火极限要求。c. 对于屋面板，当确需采用金属夹芯板材时，其夹芯材料也要为 A 级；对于上人屋面板，由于夹芯板材受其自身构造和承载力的限制，无法达到相应耐火极限要求，因此，此类屋面也不能采用金属夹芯板材。

③ 除《建筑设计防火规范（2018 年版）》（GB 50016—2014）另有规定外，以木柱承重且墙体采用不燃材料的厂房（仓库），其耐火等级可按四级确定。

④ 预制钢筋混凝土构件的节点外露部位，应采取防火保护措施，且节点的耐火极限不应低于相应构件的耐火极限。

3.4 建筑火灾常见的防火策略

建筑防火策略可分为两类：一类是主动防火策略，即采用预防起火、早期发现（如设火灾探测报警系统）、初期灭火（如设自动喷水灭火系统）等措施，尽可能避免火灾发生或失控。采用主动防火策略进行防火，可以减少火灾发生的起数，但却不能完全排除发生重大火灾的可能性。另一类是被动防火策略，即根据耐火构件划分防火分区以提高建筑结构的耐火性能，或设置防排烟系统、安全疏散楼梯等装置以避免火势扩大，从而保障邻近区域人员和财物安全。以被动防火策略进行防火，虽然无法避免火灾发生，但却可以大幅度减少发生重大火灾的概率，节省主动防火设备投资。被动防火策略和主动防火策略目的是一致的，都是为了降低火灾损失，保证人员和财产的安全。

我国《中华人民共和国消防法》《建筑设计防火规范（2018 年版）》(GB 50016)《建筑内部装修设计防火规范》(GB 50222) 等规定了建筑设计防火应采用的技术措施。建筑防火设计的主要内容有：

① 总平面防火。在总平面设计中，应根据建筑物的使用性质、火灾危险性以及建筑当地的地形、地势和风向等因素进行合理布局，尽量避免相邻建筑物之间存在火灾威胁，从而降低火灾爆炸后可能造成的严重后果，并为消防车顺利扑救火灾提供必需的条件。

② 建筑物耐火等级。在《建筑设计防火规范（2018 年版）》规定的防火技术措施中，划分建筑物耐火等级是最基本的措施。它要求建筑物在火灾高温的持续作用下，墙、柱、梁、楼板、屋盖、吊顶等基本建筑构件能在一定的时间内不受高温破坏，从而起到延缓和阻止火蔓延的作用，并为人员疏散、抢救物资、扑灭火灾以及火灾后结构修复创造机会。

③ 防火分区和防火分隔。在建筑防火设计中一般会采用耐火性极好的分隔构件将建筑空间分隔成若干防火分区。一旦某一分区失火，这些构件会把火灾控制在分区内部以防止火灾扩大蔓延。

④ 防烟分区。对于某些建筑，需用挡烟构件（挡烟梁、挡烟垂壁、隔墙等）划分防烟分区从而将烟气控制在一定范围内，以便用排烟设施将烟气排出。该措施很大程度上能够保证烟气层高度不威胁到人员安全疏散，同时有利于消防扑救工作的顺利进行。

⑤ 室内装修防火。在防火设计中，应根据建筑使用性质、规模，对建筑的不同装修部位采用相应燃烧性能的装修材料。室内装修应尽量使用不燃或难燃材料以减少火灾的发生概率，降低火焰蔓延速度。

⑥ 安全疏散设施。建筑发生火灾时，为避免建筑内的人员由于火焰炙烤、烟气中毒或房屋倒塌而遭到伤害，必须尽快撤离全部人员，同时最大限度地保障室内财产安全，以减少由于火灾造成的损失。因此，要求建筑应有完善的安全疏散设施及合理的疏散路线，为人员疏散创造良好条件。

⑦ 工业建筑防爆。在一些工业建筑中，常会使用或生产能够与空气形成混合物的极具危险性爆炸性的可燃气体、可燃蒸气、可燃粉尘，这些物质一旦遇到火源将会引起爆炸，瞬间释放巨大能量，使生产设备乃至建筑遭到破坏，造成严重的人员伤亡及财产损失。对于上述有爆炸危险的工业建筑，为了防止

爆炸事故的发生、减少爆炸事故造成的损失，必须在建筑平面、空间布置、建筑构造和建筑设施等方面采取防火防爆措施。

3.4.1　防火分区

所谓防火分区，是指采用防火分隔措施划分出的，能在一定时间内防止火灾向同一建筑的其余部分蔓延的局部区域（空间单元）。在建筑内设立防火分区能够有效地阻止火灾的蔓延，它可以把火灾限制在某一范围内，不让它向其他区域扩大。在工业厂房或库房的设计中，可以把一些比较危险的部位用防火墙将其和其他部位隔开，或因厂房（库房）占地面积过大，其车间内部（或库房）可以设一道或几道防火墙把整个车间分隔成两部分或几部分。

在《建筑设计防火规范（2018 年版）》（GB 50016—2014）中，对厂房、库房、民用建筑以及高层建筑内的防火分区的占地面积提出了明确的要求，见表 3-3。

表 3-3　不同耐火等级建筑的防火分区最大允许建筑面积

名称	耐火等级	防火分区的最大允许建筑面积/m²	备注
高层民用建筑	一、二级	1500	对于体育馆、剧场的观众厅,防火分区的最大允许建筑面积可适当增加
单、多层民用建筑	一、二级	2500	
	三级	1200	
	四级	600	
地下或半地下建筑(室)	一级	500	设备用房的防火分区最大允许建筑面积不应大于 1000m²

3.4.2　防烟分区

（1）防烟分区的作用

烟气窒息是火灾现场人员伤亡的主要原因。发生火灾时，首要任务是把火场上产生的高温烟气控制在一定的区域之内，并迅速排出室外。为此，在设定条件下必须划分防烟分区。设置防烟分区主要是保证在一定时间内，火场上产生的高温烟气不致随意扩散，并进而加以排除，从而达到有利于人员安全疏散、控制火势蔓延和减小火灾损失的目的。对于大空间建筑，如商业楼、展览楼、综合楼，特别是高层建筑，其使用功能复杂，可燃物数量大、种类多，一旦起火，温度高，烟气扩散迅速。对于地下建筑，由于其安全疏散、通风排烟、火灾扑救等较地上建筑困难，火灾时热量不易排出，易导致火势扩大，损失增大。因此，对于这些建筑物，除应采用不燃或难燃材料装修，设置火灾自动报警系统或自动灭火系统外，设置防火防烟分区也是有效的办法之一。

防烟分区是指以屋顶挡烟隔板、挡烟垂壁或从顶棚向下突出不小于500mm的梁为界，从地板到屋顶或吊顶之间的规定空间。屋顶挡烟隔板是指设在屋顶内，能对烟和热气的横向流动造成障碍的垂直分隔体。挡烟垂壁是指用不燃烧材料制成，从顶棚下垂不小于500mm的固定或活动的挡烟设施。活动挡烟垂壁是指火灾时因感温、感烟或其他控制设备的作用，自动下垂的挡烟垂壁。

（2）防烟分区的设置要求

设置防烟分区时，如果面积过大，会使烟气波及面积扩大，增加受灾面，不利于安全疏散和扑救；如面积过小，不仅影响使用，还会提高工程造价。因此，防烟分区的设置应遵循以下原则：①不设排烟设施的房间（包括地下室）和走道，不划分防烟分区；走道和房间（包括地下室）规定都设排烟设施时，可根据具体情况分设或合设排烟设施，并按分设或合设的情况划分防烟分区；一座建筑的某几层需设排烟设施，且采用垂直排烟道（竖井）进行排烟时，其余按规定不需设排烟设施的各层，如增加投资不多，也可考虑扩大设置范围。各层也宜划分防烟分区和设置排烟设施。②防烟分区不应跨越防火分区。③对有特殊用途的场所，如地下室、防烟楼梯间、消防电梯、避难层（间）等，应单独划分防烟分区。④防烟分区一般不跨越楼层，某些情况下，如1层面积过小，允许包括1个以上的楼层，以不超过3层为宜。⑤每个防烟分区的面积，对于高层民用建筑和其他建筑（含地下建筑和人防工程），其建筑面积不宜大于500m^2；当顶棚（或顶板）高度在6m以上时，可不受此限。此外，需设排烟设施的走道，净高不超过6m的房间应采用挡烟垂壁、隔墙或从顶棚突出不小于0.5m的梁划分防烟分区，梁或垂壁至室内地面的高度不应小于1.8m。

（3）防烟分区的划分

防烟分区一般根据建筑的种类和要求不同，可按其用途、面积、楼层划分。

① 按用途划分。对于建筑的各个部分，按其不同的用途，如厨房、卫生间、起居室、客房及办公室等，来划分防烟分区比较合适，也较方便。国外常把高层建筑的各部分划分为居住或办公用房、疏散通道、楼梯、电梯及其前室、停车库等防烟分区。但按此种方法划分防烟分区时，应注意对通风空调管道、电气配管、给排水管道，以及采暖管道等穿墙和楼板处，应用不燃烧材料填塞密实。

② 按面积划分。在建筑内按面积将其划分为若干个基准防烟分区，这些防烟分区在各个楼层，一般形状相同、尺寸相同、用途相同。不同形状和用途的防烟分区，其面积也宜一致。每个楼层的防烟分区可采用同一套防排烟设施。如所有的防烟分区共用一套排烟设备时，排烟风机的容量应按最大防烟分区的面积计算。

③ 按楼层划分。在高层建筑中，底层部分和上层部分的用途往往不太相同，如高层旅馆建筑，底层多布置餐厅、接待室、商店、会计室、多功能厅等，上层部分多为客房。火灾统计资料表明，底层发生火灾的机会较多，火灾概率大，上部主体发生火灾的机会较小。因此，应尽可能根据房间的不同用途沿垂直方向按楼层划分防烟分区。

3.4.3　防火分隔物

（1）防火分隔的作用及要求

为了防止火灾在建筑内部蔓延扩大，需要采取防火分隔措施。在建筑内部设置耐火极限较高的防火分隔物，把建筑的空间分隔成若干防火区段，使每一个防火区段发生火灾时，都能在一定时间内不至于向外蔓延扩大。这些措施也同样应用于防止火灾在相邻建筑之间的蔓延。防火分隔物是指能在一定时间内阻止火势蔓延，且能把建筑内部空间分隔成若干防火空间的物体，应具有较高的耐火极限，能有效地隔绝火势和热气流的影响，为扑救灭火赢得时间。其中有些重要的分隔物（如防火墙），在结构上还必须有相对的独立性和稳定性，以便充分发挥作用。

（2）防火分隔物的类型

要对各种建筑进行防火分区，必须通过防火分隔物来实现。用耐火极限较高的防火分隔物把成片的建筑或较大的建筑空间分隔、划分成若干较小防火空间，一旦某一分区内发生火灾，在一定时间内不至于向外蔓延扩大，以此控制火势，为扑救火灾创造良好条件。常用的防火分隔物有防火墙、防火门、防火窗、防火卷帘、防火水幕带、防火阀和排烟防火阀等。

① 防火墙。根据《建筑设计防火规范（2018 年版）》（GB 50016—2014），防火墙应直接设置在建筑的基础或框架、梁等承重结构上，框架、梁等承重结构的耐火极限不应低于防火墙的耐火极限。防火墙应从楼地面基层隔断至梁、楼板或屋面板的底面基层。当高层厂房（仓库）屋顶承重结构和屋面板的耐火极限低于 1.00h，其他建筑屋顶承重结构和屋面板的耐火极限低于 0.50h 时，防火墙应高出屋面 0.5m 以上。防火墙横截面中心线水平距离天窗端面小于 4.0m，且天窗端面为可燃性墙体时，应采取防止火势蔓延的措施。

建筑外墙为难燃性或可燃性墙体时，防火墙应凸出墙的外表面 0.4m 以上，且防火墙两侧的外墙均为宽度不小于 2.0m 的不燃性墙体，其耐火极限不应低于外墙的耐火极限。建筑外墙为不燃性墙体时，防火墙可不凸出墙的外表面，紧靠防火墙两侧的门、窗、洞口之间最近边缘的水平距离不应小于 2.0m；采取设置乙级防火窗等防止火灾水平蔓延的措施时，该距离不限。建筑内的防火墙不宜设置在转角处，确需设置时，内转角两侧墙上的门、窗、洞口之间最近边缘的水平距离不应小于 4.0m；采取设置乙级防火窗等防止火灾水平蔓延的措施时，该距离不限。可燃气体和甲、乙、丙类液体的管道严禁穿过防火墙。防火墙内不应设置排气道。

防火墙上不应开设门、窗、洞口，确需开设时，应设置不可开启或火灾时能自动关闭的甲级防火门、窗，其他管道不宜穿过防火墙，确需穿过时，应采用防火封堵材料将墙与管道之间的空隙紧密填实，穿过防火墙处的管道保温材料，应采用不燃材料；当管道为难燃及可燃材料时，应在防火墙两侧的管道上采取防火措施。防火墙的构造应能在防火墙任意一侧的屋架、梁、楼板等受到火灾的影响而破坏时，不会导致防火墙倒塌。

② 防火门。防火门的设置应符合下列规定：a. 设置在建筑内经常有人通行处的防火门宜采用常开防火门。常开防火门应能在火灾时自行关闭，并应具有信号反馈的功能。b. 除允许设置常开防火门的位置外，其他位置的防火门均应采用常闭防火门。常闭防火门应在其明显位置设置"保持防火门关闭"等提示标识。c. 除管井检修门和住宅的户门外，防火门应具有自行关闭功能。双扇防火门应具有按顺序自行关闭的功能。d. 防火门应能在其内外两侧手动

开启。e. 设置在建筑变形缝附近时，防火门应设置在楼层较多的一侧，并应保证防火门开启时门扇不跨越变形缝。f. 防火门关闭后应具有防烟性能。g. 甲、乙、丙级防火门应符合《防火门》（GB 12955）的规定。

③ 防火窗和防火卷帘。设置在防火墙、防火隔墙上的防火窗，应采用不可开启的窗扇或具有火灾时能自行关闭的功能。防火窗应符合《防火窗》（GB 16809）的有关规定。

防火分隔部位设置防火卷帘时，应符合下列规定：a. 除中庭外，当防火分隔部位的宽度不大于 30m 时，防火卷帘的宽度不应大于 10m；当防火分隔部位的宽度大于 30m 时，防火卷帘的宽度不应大于该部位宽度的 1/3，且不应大于 20m。b. 防火卷帘应具有火灾时靠自重自动关闭功能。c. 防火卷帘的耐火极限不应低于所设置部位墙体的耐火极限要求。当防火卷帘的耐火极限仅符合《门和卷帘的耐火试验方法》（GB/T 7633）有关耐火完整性的判定条件时，应设置自动喷水灭火系统保护。自动喷水灭火系统的设计应符合《自动喷水灭火系统设计规范》（GB 50084）的规定，但火灾延续时间不应小于该防火卷帘的耐火极限。d. 防火卷帘应具有防烟性能，与楼板、梁、墙、柱之间的空隙应采用防火封堵材料封堵。e. 需在火灾时自动降落的防火卷帘，应具有信号反馈的功能。f. 其他要求，应符合《防火卷帘》（GB 14102）的规定。

④ 新型防火分隔系统。如图 3-1 所示的窗口火蔓延阻隔系统，它是一种基于防护冷却技术和防火帘的窗口火阻隔产品，适用于超高层建筑竖向火灾的蔓延控制。该系统集成了日常使用功能和优异的防火性能，用水量小，防火帘日常可作为窗帘使用，火灾情况下自动释放，可有效阻隔室内外火焰通过窗口发生蔓延，可用于提升超高层建筑和三小场所等建筑外立面的火灾防控能力。

(a) 示意图　　　　　　　(b) 实物图　　　　　　　(c) 实验效果图

图 3-1　窗口火蔓延阻隔系统

3.5　新型防火材料

防火材料可分为两大类：一类是防火型防火材料，即以防止火灾的发生为目的的防火材料，一般以材料的燃烧性能进行评价，如防火板、防火铝塑板；另一类是措施型的防火材料，即以限制火灾造成影响的措施为目的的防火材料，常以阻燃性或耐火性能进行评价，如防火涂料、防火玻璃等。

防火型的防火材料，《建筑材料及制品燃烧性能分级》（GB 8624—2012）将建筑材料及制品燃烧性能划分为 A、B1、B2、B3 四个等级。措施型的防火材料，根据不同的防火材料产品，有着相对应的试验分级标准，如《建筑用安全玻璃　第 1 部分：防火玻璃》（GB 15763.1）是专门针对玻璃防火的评价标准，《防火封堵材料》（GB 23864）针对封堵材料，《钢结构防火涂料》（GB 14907）则是钢结构用防火涂料的专用规范。

随着人们对建筑装修要求的不断提高，一些新型建材已被大量使用。在这些装饰性材料中，高分子材料占有很大的比重。使用这些材料时，必然提出防火要求的问题。近年来，人们的防火意识逐步加强，开始大规模地探讨材料的燃烧性，火焰的蔓延性，可燃体滴状物的形成，燃烧物的自燃特性，烟的情况，灭火用水的反作用，材料热后状态等。以下分别介绍一些新型防火材料。

3.5.1　TFR-A 型无机不燃保温板

针对目前有机保温材料引发建筑火灾事故频发，造成严重人员伤亡和财产损失的消防安全现状，研发了一种新型不燃保温板材——TFR-A 型无机不燃保温板，如图 3-2 所示。该板材由无机不燃纤维、水泥以及外加剂经过特殊工艺成型，形成一种热导率低，憎水性优异，具有较高强度和一定柔韧性的燃烧性能为 A 级的建筑外墙用保温板材。作为外墙保温板材和防火隔离带，可广泛

图 3-2　TFR-A 型无机不燃保温板样品

应用于民用建筑和公共建筑，能有效提高建筑外立面对火灾的抵御能力。

TFR-A 型无机不燃保温板具有如下特点：①A 级不燃，防火性能优异；②热导率低，保温性能好；③柔性好，强度高，密度小；④憎水率高，防水性能好；⑤无毒无害，绿色环保；⑥易于生产，成本低于现有有机保温材料。其主要性能指标如表 3-4 所示。

表 3-4　TFR-A 型无机不燃保温板的主要技术参数

项目	单位	性能指标	备注
燃烧性能	—	A1	达到最高防火要求
表观密度	kg/m³	≤180	与岩棉相当
抗压强度	MPa	≥0.15	远高于岩棉,与有机材料相当
热导率	W/(m·K)	≤0.043	接近聚苯板(EPS)水平
憎水率	%	≥98	符合要求
吸水率	%	≤5	符合要求
抗拉强度	MPa	≥0.1	远高于岩棉,与有机材料相当
尺寸稳定性	%	≤1	符合要求

3.5.2　轻质不燃聚苯乙烯保温板、彩钢夹芯板

采用负压穿透技术及吸热降温原理，研发了一种轻质不燃聚苯乙烯保温板，如图 3-3 所示。其燃烧性能达到 A2 级，热导率为 $0.055W/(m·K)$，密度为 $110kg/m^3$，变形 10% 抗压强度 130kPa，垂直于板面方向的抗拉强度 140kPa，总热值为 2.4MJ/kg，产烟毒性 ZA1，满足《建筑材料及制品燃烧性能分级》（GB 8624—2012）A2 级燃烧性能要求。

以轻质不燃聚苯乙烯保温板为芯材，研制了屋面用及隔墙用轻质不燃聚苯乙烯彩钢夹芯板，如图 3-4 所示。它解决了传统聚苯彩钢夹芯板实体火灾中易燃烧、火场中易垮塌，实际应用中在黏结强度、抗弯承载力低等方面的火灾安全隐患。轻质不燃聚苯乙烯彩钢夹芯板的主要性能指标有：黏结强度为 120kPa；夹芯板挠度为 $L_0/150$（支座间距离 $L_0=3500mm$）时，抗弯承载力 $0.84kN/m^2$；芯材热导率 $0.055W/(m·K)$；制品总热值 0.7MJ/kg；燃烧速率增长指数 0；产烟毒性 ZA1；燃烧性能满足《建筑材料及制品燃烧性能分级》（GB 8624—2012）A2、S1、D0、T0 级要求。其适用于大型工业厂房、

钢结构厂房、活动房、洁净车间、洁净手术室、建筑物夹层、临时房屋、仓库、冷库、体育馆、超市以及其他需要保温隔热防火的场所。

图 3-3 轻质不燃聚苯乙烯保温板

图 3-4 轻质不燃聚苯乙烯彩钢夹芯板

3.5.3 耐久性环保阻燃地毯

采用多种环保阻燃体系对绒料簇绒坯毯与纱罗网格布间丁苯胶进行阻燃改性的方法，研制耐久性环保阻燃地毯，如图 3-5 所示。它解决了现有阻燃地毯产品阻燃效率低、耐候性差、不耐洗涤、环保要求不达标等问题，适用于环保要求高且具耐候需求的人员密集场所。

(a) 正面

(b) 反面

图 3-5 耐久性环保阻燃地毯正面与反面

与国内外同类先进产品进行比较，该耐久性环保阻燃地毯具有以下优点：①地毯经耐久环保阻燃处理后，能有效降低在燃烧环境中的最大热释放率（PHRR）和总热释放量（THR），抑制地毯材料对火场的热贡献，其燃烧测试达 B1-B 级别；②采用专用洗涤剂洗 50 次后，耐久性环保地毯的燃烧性能仍达 B1-B 级别（焰尖高度 40mm，临界热辐射通量 10.6kW/m^2）；③耐久性环保阻燃地毯产品及其胶黏剂的有害物质释放限量都达 A 级，甲醛、总挥发有机化合物等均符合《室内装饰装修材料　地毯、地毯衬垫及地毯胶黏剂有害物质释放限量》（GB 18587）要求。

思考题

　　1. 试举例说明建筑防火材料的高温性能。

　　2. 简述防火间距的含义、影响因素及确定原则。

　　3. 简述防火分区与防烟分区的区别与联系。

第 4 章

火灾探测报警与灭火技术

4.1 火灾探测报警技术

4.1.1 火灾探测的基本概念

火灾发生往往伴随着产生热解气体、烟雾、温度、火焰和燃烧波等火灾参量，故通过对这些火灾参量的测量、分析，就可以判定被测区域有无火灾存在。火灾探测就是以物质燃烧过程中产生的各种火灾现象为依据，达到早期发现火灾的目的。以燃烧过程中能量转换、物质转换为基础，可形成不同的火灾探测方法，如图 4-1 所示。

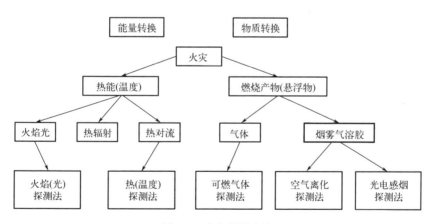

图 4-1   火灾探测方法

4.1.2 常见火灾探测器的工作原理

探测火灾参量的探测器称为火灾探测器，其基本功能是利用一些敏感元件对火灾气体、烟雾、温度和火焰等火灾信息做出有效反应，并将表征火灾信息的物理量转化为电信号后，送到火灾报警控制器。火灾探测器是火灾探测报警系统的"感觉器官"，作用是监视环境中有没有火灾的发生。一旦有了火情，就将火灾的特征物理量，如温度、烟雾、气体和辐射光强等信号转换成电信号，并立即动作向火灾报警控制器发送报警信号。目前对火灾烟雾、温度和气体的探测已有成熟的产品，分别称为感烟火灾探测器、感温火灾探测器和气体火灾探测器。

（1）感烟火灾探测器

感烟火灾探测器有离子感烟式、光电感烟式、红外光束感烟式等类型。

① 离子感烟探测器。它的电离室内含有少量放射性物质，可使电离室内空气呈现导体，允许一定电流在两个电极之间的空气中通过。射线使局部空气呈电离状态，经电压作用形成离子流，这就给电离室一个有效的导电性。当烟粒子进入电离化区域时，由于它们与离子相结合而降低了空气的导电性，造成离子移动的减弱。当导电性低于预定值时，探测器发出警报。

目前离子感烟探测器中普遍采用的是镅-241，该放射源具有如下特点：镅-241裂变产生的α射线（高速运动的α粒子流）具有强的电离作用；α粒子（氦原子核$_2^4$He）射程较短；半衰期较长（433年）；成本低。其中，α射线是一种带正电的粒子流，也就是氦原子核流。该粒子带两个单位正电量，穿透能力较弱，甚至无法穿透普通纸张；但其电离能力很强，在穿过空气时，能使空气电离。

在离子感烟探测器中，放射源镅-241放射出α粒子，使电离室内的空气产生电离，电离室在电子电路中呈现电阻特性。当有火灾发生时，烟雾粒子进入检测电离室后，由于烟雾粒子比离子重千百倍，被电离的部分正粒子和负粒子吸附到烟雾粒子上去，因此离子在电场中运动速度比原来降低，而且在运动过程中正离子和负离子互相复合的概率增加，这样就使到达电极的有效粒子更少了；另一方面，由于烟雾粒子的作用，α射线被阻挡，电离能力降低了很多，电离室内产生的正负离子数减少。这些微观的变化反映在宏观上，就是烟雾粒子进入检测电离室后，电离电流减小，相当于检测电离室的空气等效电阻增加。根据电阻变化大小就可以识别烟雾量的大小，并做出是否发生火灾的判断，这就是离子感烟探测器探测火灾的基本原理。探测器电离室中的电流是非常微弱的，在洁净空气条件下一般约为50pA，在探测到火灾的条件下，可能降到 30pA 以下，因此，可把离子感烟探测器看成是一个微电流测量装置。

② 光电感烟探测器。它是利用起火时产生的烟雾能够改变光的传播特性这一基本性质而研制的。根据烟粒子对光线的吸收和散射作用，光电感烟探测器又分为消光型和散射型两种。根据接入方式和电池供电方式等的不同，又可分为联网型、独立型和无线型。图 4-2 所示为常见光电感烟探测器实物及其工作原理示意。

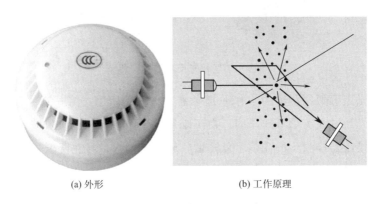

(a) 外形　　　　　　　　　　(b) 工作原理

图 4-2　光电感烟探测器示例

烟粒子和光相互作用时，有两种不同的过程：一方面，粒子可以以同样波长再辐射已接收的能量，再辐射可在所有方向上发生，但不同方向上的辐射强度不同，称为散射；另一方面，辐射能可以转变成其他形式的能，如热能、化学能或不同波长的二次辐射，称为吸收。为了探测烟雾的存在，可以将发射器发出的一束光打到烟雾上；如果在其光路上，通过测量烟雾对光的衰减作用来确定烟雾的方法，称为减光型探测法；如果在光路以外的地方，通过测量烟雾对光的散射作用产生的光能量来确定烟雾的方法，称为散射型探测法。当前主流的点型感烟探测器为散射型。

散射型光电感烟探测器是通过接收某一角度上的散射光强来探测是否有颗粒进入探测器的散射腔室，并根据接收光强的强弱做出是否发生火灾的判断。在正常情况下，散射腔室中无颗粒时，受光元件接收不到发光元件发出的光，因此不产生光电流；当火灾发生时，生成的烟雾进入探测器的散射腔室，由于烟雾粒子的作用，发光元件发射的光产生散射，这种散射光被受光元件所接收，受光元件阻抗发生变化，产生光电流，从而实现了将烟雾信号转变成电信号的功能，结合一定的探测算法，探测器即可做出是否发生火灾的判断。

③ 红外光束感烟探测器。它将光束发射器和光电接收器分为两个独立的部分，使用时分装相对的两处，中间用光束连接起来，如图 4-3 所示。

图 4-3　红外光束感烟探测器

红外光束感烟探测器的工作原理示意如图 4-4 所示，当一束强度为 I_0 的单色平行光通过火灾烟雾粒子时，由于烟雾粒子的散射和吸收效应，入射光产生衰减，接收器接收到的光信号就降低，转换成的电信号也降低，当信号降低到阈值以下时，就发出报警信号。

发射

接收

图 4-4　红外光束感烟探测器工作原理示意图

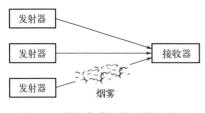

发射器

发射器

接收器

发射器

烟雾

图 4-5　多光束感烟探测器形式图

在光路方面，红外光束感烟探测器除了单光束外，还有多光束和反射式两种形式。多光束感烟探测器形式图如图 4-5 所示，具有多个发射器。

反射式红外光束感烟探测器由探测器和反射器组成，探测器中又有发射器和接收器两部分，如图 4-6 所示。发射器发射的红外光柱到达反射器后又反射回来，被发射器旁的接收器接收。这种探测器收发在同一地点，调试方便。红外光束二次通过被保护区，有利于发现烟

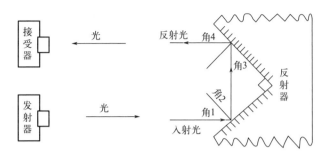

图 4-6　反射器入射光与反射光的关系

雾信号，提高了探测器的灵敏度。精心设计制造的反射器不仅保证反射光回到了发射区，而且减少了背景光的干扰。

红外光束感烟探测器适于安装在发生火灾后产生烟雾较大或容易产生阴燃的场所，但不宜安装在平时烟雾较大或通风速度较快的场所。红外光束感烟探测器适用于大型仓库、大型厂房、大剧院、大会堂、展览馆、体育馆、古建筑物等场所，是普通点型感烟探测器无法替代的产品。

（2）感温火灾探测器

感温火灾探测器主要是利用热敏元件来探测火灾。在火灾初始阶段，一方面有大量烟雾产生，另一方面物质在燃烧过程中释放出大量的热量，周围环境温度急剧上升，探测器中的热敏元件发生物理变化，响应异常温度、温度变化速率、温差，从而将温度信号转变成电信号并进行报警处理。感温火灾探测器的类型有很多，本节以电阻型感温火灾探测器为例进行简要介绍。

利用电阻器作为感温元件的感温探测器称为电阻型温度探测器，其中感温元件主要有金属热电阻和半导体热敏电阻两大类。热电阻是利用金属导体的电阻值随温度变化而变化的特性测量温度的一种电阻，大多数金属导体的电阻具有随温度变化的特性，其特性方程如下：

$$R_T = R_0[1 + a(T - T_0)] \tag{4-1}$$

式中，R_T 为任意热力学温度 T 时金属的电阻值；R_0 为基准状态 T_0 时的电阻值；a 为热电阻的温度系数，$\mathrm{℃}^{-1}$。热电阻主要有铂电阻、铜电阻和镍电阻等，其中铂热电阻和铜热电阻最为常见。

热敏电阻是利用某种金属氧化物，如铁、镍、锰等金属氧化物，加入一些

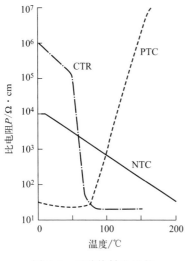

图 4-7 三种热敏电阻的
电阻-温度特性

添加剂，采用陶瓷工艺经高温烧结制成的具有半导体特性的电阻器，其电阻对温度变化很明显，电阻温度系数比金属热电阻大得多。热敏电阻分为三种类型：正温度系数热敏电阻（positive temperature coefficient thermistor，PTC）、负温度系数热敏电阻（negative temperature coefficient thermistor，NTC）和临界温度系数热敏电阻（critical temperature resistor，CTR），其温度特性曲线如图 4-7 所示。

热敏电阻采用不同的封装形式制成珠状、片状、杆状、垫圈状等各种形状，主要由热敏元件、引线和壳体组成。热敏电阻具有以下特点：①灵敏度高，半导体电阻温度系数比金属大，一般是金属的十几倍，因此可以大大提高感温火灾探测响应的灵敏度；②体积小、热惯性小、结构简单，可根据不同要求制成不同形状；③化学稳定性好，力学性能好，价格低廉，寿命长，较适合形成感温探测系统；④缺点是复现性和互换性差，非线性严重，因此有可能产生误报漏报，对感温探测的可靠性产生不利影响。

（3）气体火灾探测器

绝大多数液体或固体材料在燃烧初期，都产生 CO、CO_2 等标志性气体，因而通过探测 CO、CO_2 等火灾气体产物，可以实现早期火灾探测。由于在正常情况下，环境中的 CO 背景干扰性气体较少，因此相对于感烟、感温探测器，气体火灾探测器的环境影响因素大大减小。

和火灾烟气中的烟雾颗粒不同，火灾的气体产物由更少的热量驱动就可以快速上升。CO 等一些气体由于比空气轻，甚至不需要热量的驱动，就能非常容易地扩散上升，这对于火灾探测器的布置和在较早的时间捕捉到火灾发生信息非常重要。从燃烧的机理来说，早期火灾（燃烧的初期）通常不会产生明显的温升和烟雾，却已经有热解产生的气态产物。图 4-8 为火灾不同发展阶段与火灾探测器响应的对应关系，可见气体产物更适宜于早期火灾探测。

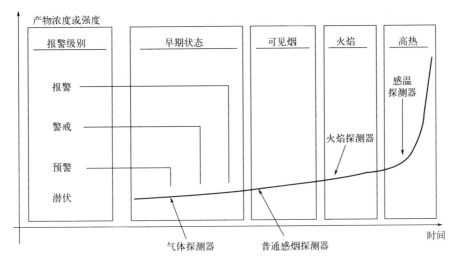

图 4-8 大多数场合下火灾探测与火灾不同发展阶段的对应关系

火灾烟气不仅含有大量没有完全燃烧的组分，而且含有很多有毒、有害的组分，其中 CO、HCN、SO_2 是主要毒性组分，CO_2 则是造成人员窒息的主要组分。尤其在现代建筑中，使用了大量高分子聚合物的构件和装修材料，它们在高温条件下释放的有毒、有害成分要比天然木材高得多，因而对人员安全的威胁更为严重。

常见的气体探测器主要有半导体气体传感器和电化学气体传感器两大类。

半导体气体传感器是利用半导体气敏元件同气体接触，造成半导体性质发生变化，借此检测特定气体的成分或测量其浓度。半导体气体传感器大体上分为电阻式和非电阻式两种。电阻式半导体气体传感器是用氧化锡、氧化锌等金属氧化物材料制作的敏感元件，利用其阻值的变化来检测气体的浓度；非电阻式半导体气体传感器主要是利用二极管的整流作用及场效应管特性等制作的气敏元件。

电化学气体传感器是利用检测气体在电极上的反应对气体进行识别检测，其特点是体积小、耗电少、线性和重复性较好、寿命较长。这里以恒电位电解式为例进行说明。

图 4-9 所示为恒电位电解式气体传感器的基本组成结构，使电极与电解质溶液的界面保持一定电位进行电解，通过改变其设定电位，有选择地使气体进

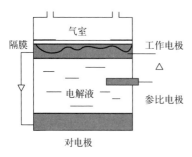

图 4-9 恒电位电解式气体
传感器的基本组成结构

行氧化或还原，从而能定量检测各种气体。对特定气体来说，设定电位由其固有的氧化还原电位决定，但又随电解时作用电极的材质、电解质的种类不同而变化。

以 CO 气体检测为例来说明这种传感器的结构和工作原理。如图 4-10 所示，在容器内的相对两壁，安置作用电极和对比电极，其内充满电解液构成一密封结构，再在作用电极和对比电极之间加以恒定电位差而构成恒压电路。透过隔膜（多孔聚四氟乙烯膜）的 CO 气体，在作用电极上被氧化，而在对比电极上 O_2 被还原，于是 CO 被氧化而形成 CO_2。两个电极上的反应式如式（4-2）所示：

$$\left. \begin{array}{l} CO + H_2O \longrightarrow CO_2 + 2H^+ + 2e^- \\[2mm] \frac{1}{2}O_2 + 2H^+ + 2e^- \longrightarrow H_2O \end{array} \right\} \qquad (4\text{-}2)$$

此时，作用电极和对比电极之间就产生电流 I，根据此电流值就可知 CO 气体的浓度。

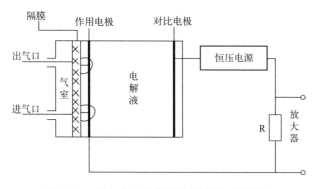

图 4-10 恒电位电解式气体传感器工作原理

由于燃烧气体、烟雾、温度和火焰等参量在非火灾条件下也存在，例如香烟的烟雾、水蒸气和灰尘有类似烟雾的特性；电炉等发热器件产生的温度与火灾产生的温度也一样；太阳光对红外火焰探测器构成误报等。故对于测量单个参量的探测器并不能很好地区别这是火灾的烟雾，还是非火灾产生的"烟雾"。后来，研究发现非火灾情况下这些参量通常不会同时出现，而火灾发生时，这些参量常常同时存在。根据这个特点，研制了多参量复合的火灾探测器，并证明了三参量或四参量的复合探测器误报少、可靠性高。各种火灾探测器如表 4-1 所示。

表 4-1　火灾探测器一览表

名称		火灾参量	形式
可燃气体探测器	半导体可燃气体探测器	可燃气体	点型
	接触燃烧式可燃气体探测器	可燃气体	点型
	固定电介质可燃气体探测器	可燃气体	点型
	红外吸收式可燃气体探测器	可燃气体	点型
感烟探测器	离子感烟探测器	烟雾	点型
	光电感烟探测器	烟雾	点型
	红外光束感烟探测器	烟雾	线型
	线型光束图像感烟探测器	烟雾	线型
	空气采样感烟探测器	烟雾	线型
	图像感烟探测器	图像型	点型
感温探测器	热敏电阻定温探测器	定温	点型
	双金属片定温探测器	定温	点型
	半导体定温探测器	定温	点型
	热敏电阻差温探测器	差温	点型
	半导体差温探测器	差温	点型
	热敏电阻差定温探测器	差定温	点型
	半导体差定温探测器	差定温	点型
	缆式线型定温探测器	定温	线型
	分布式光纤感温探测器	定温、差定温	线型
	光纤光栅感温探测器	定温	线型
	空气管差温探测器	差温	线型
火焰探测器	红外火焰探测器	红外光	点型
	紫外火焰探测器	紫外光	点型
	双波段图像火焰探测器	图像型	点型
复合探测器	烟、温复合探测器	烟、温	点型
	烟、温、CO 复合探测器	烟、温、CO	点型
	双红外紫外复合探测器	红外、紫外	点型
	双红外复合探测器	红外光	点型

为了正确选用各种类型的火灾探测器，表4-2给出各种类型探测器的适用场所。在实际使用时，如果在所列条目中找不到时，可以参照类似场所。如果没有把握或很难判定是否合适时，最好做燃烧模拟试验后再确定。实际上，在重要性很高、危险性很大、需要装自动灭火系统或有自动联动装置的类似场所，宜采用感烟、感温、感火焰的复合探测器。

表4-2　各种类型探测器的适用场所或情形一览表

序号	场所或情形	感烟		感温			感火焰		说明
		离子	光电	定温	差温	差定温	红外	紫外	
1	饭店、旅馆、教学楼、办公楼的厅堂、卧室、办公室等	○	○						厅堂、办公室、会议室、值班室、娱乐室、接待室等，灵敏度档次为中、低，可延时；卧室、病房、休息厅、衣帽室、展览室等，灵敏度档次为高
2	电子计算机房、通信房、电影电视放映房等	○	○						这些场所灵敏度为高或高、中档次联合使用
3	楼梯、走道、电梯、机房等	○	○						灵敏度档次为高、中
4	书库、档案库等	○	○						灵敏度档次为高
5	有电气火灾危险	○	○						早期热解产物，气溶胶微粒小，可用离子型；气溶胶微粒大，可用光电型
6	气流速度大于5m/s	×	×						
7	相对湿度经常高于95%以上	×				○			根据不同要求也可选用定温或差温
8	有大量粉尘、水雾滞留	×	×	○	○	○			根据具体要求选用
9	有可能发生无烟火灾	×	×	○	○	○			根据具体要求选用
10	在正常情况下有烟和蒸汽滞留	×	×	○	○	○			根据具体要求选用
11	有可能产生蒸汽和油雾		×						
12	厨房、锅炉房、发电机房、茶炉房、烘干车间等			○		○			在正常高温环境下，感温探测器的额定动作温度值可定得高些，或选用高温感烟探测器

续表

序号	场所或情形	感烟		感温			感火焰		说明
	探测器类型	离子	光电	定温	差温	差定温	红外	紫外	
13	吸烟室、小会议室等				○	○			若选用感烟探测器，则应选低灵敏度档次
14	汽车库				○	○			
15	其他不宜安装感烟探测器的厅堂和公共场所	×	×	○	○	○			
16	可能产生阴燃火或者如发生火灾不及早报警将造成重大损失的场所	○	○	×	×	×			
17	温度在0℃			×					
18	正常情况下温度变化较大的场所				×				
19	可能产生腐蚀性气体	×							
20	产生醇类、醚类、酮类等有机物质	×							
21	可能产生黑烟	×							
22	存在高频电磁干扰		×						
23	银行、百货店、商场、仓库	○	○						
24	火灾时，有强烈的火焰辐射						○	○	如：含有易燃材料的房间、飞机库、油库、海上石油钻井和开采平台、炼油裂化厂等
25	需要对火焰做出快速反应						○	○	
26	无阴燃阶段的火灾						○	○	
27	博物馆、美术馆、图书馆	○	○				○	○	
28	电站、变压器间、配电室	○	○				○	○	
29	可能发生无焰火灾						×	×	
30	在火焰出现前，有浓烟扩散						×	×	

续表

序号	探测器类型 场所或情形	感烟		感温			感火焰		说明
		离子	光电	定温	差温	差定温	红外	紫外	
31	探测器的"视线"易被遮挡						×	×	
32	探测器的镜头易被污染						×	×	
33	探测器易受阳光或其他光源直接或间接照射						×	×	
34	在正常情况下有明火作业以及 X 射线、弧光等						×	×	

注：1. 符号说明：○——适合的探测器，应优先选用；×——不适合的探测器，不应选用；空白、无符号表示——须谨慎选用。

2. 散发可燃气体和可燃蒸气的场所宜选用可燃气体探测器，实现早期报警。

3. 下列场所可不设火灾探测器：a. 厕所、浴室等；b. 不能有效探测火灾的场所；c. 不便维修、使用（重点部位除外）的场所。

4. 国内已生产缆式线型定温火灾探测器，适用于发电厂、变电站、工矿企业的电缆隧道和电缆夹层以及柴草、粮棉及工业易燃堆垛等场所。

4.1.3 火灾自动报警系统

（1）火灾自动报警系统组成及工作原理

火灾自动报警系统由触发器件（探测器、手动报警按钮）、火灾报警装置（火灾报警控制器）、火灾警报装置（声光报警器）、控制装置（包括各种控制模块）等构成。火灾自动报警系统，应该能在火灾发生的初期，自动（或手动）发现火情并及时报警，以不失时机地控制火情的发展，将火灾的损失降到最低限度。火灾自动报警系统是消防控制系统的核心部分。

火灾自动报警系统应根据建筑的规模大小和重点防火部位的数量多少分别采用区域报警系统、集中报警系统和控制中心报警系统。

（2）区域报警系统

区域报警系统由区域火灾报警控制器和火灾探测器组成，如图 4-11 所示。一个报警区域宜设置 1 台区域报警控制器。系统中区域报警控制器不应超过 3 台。这是由于没有设置集中报警控制器的区域报警系统中，如火灾报警区域过多又分散时，不便于监控和管理。

当用 1 台区域报警控制器警戒数个楼层时，应在每层各楼梯口明显部位装设识别楼层的灯光显示装置，以便发生火警时能很快找到着火楼层。

区域报警控制器安装在墙上时，其底边距地面的高度不应小于 1.5m；靠近其门轴的侧面距墙不应小于 0.5m，正面操作距离不应小于 1.2m，便于开门检修和操作。区域报警控制器的容量不应小于报警区域内的探测区域总数。

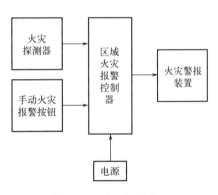

图 4-11 区域报警系统

区域报警系统简单且使用广泛，一般在工矿企业的计算机房等重要部位和民用建筑的塔楼公寓、写字楼等处采用区域报警系统。另外，还可作为集中报警系统和控制中心报警系统中最基本的组成设备。

公寓火灾自动报警系统如图 4-12 所示。目前区域系统多数由环状网络构成，也可能是枝状线路构成，但必须加设楼层确认灯。

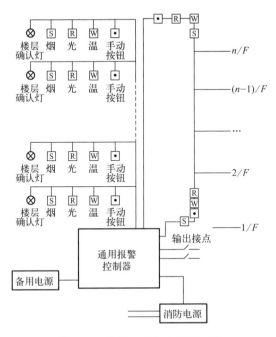

图 4-12 公寓火灾自动报警系统

（3）集中报警系统

集中报警系统是由集中火灾报警控制器、区域报警控制器和火灾探测器组成的火灾自动报警系统，如图 4-13 所示。系统中应设一台集中火灾报警控制器和两台以上区域报警控制器。集中火灾报警控制器须从后面检修，安装时其后面的板墙不应小于 1m，当其一侧靠墙安装时，另一侧距墙不应小于集中报警器的正面操作距离：当设备单列布置时不应小于 1.5m，双列布置时不应小于 2m，在值班人员经常工作的一面，控制盘距墙不应小于 3m。集中报警控制器应设在有人值班的专用房间或消防值班室内，容量不宜小于保护范围内探测区域总数。集中报警控制器不直接与探测器发生联系，它只将区域报警控制器送来的火警信号以声光显示出来，并记录火灾发生时间，将火灾发生时间、部位、性质打印出来，同时自动接通专用电话进行核查，向消防部门报告，并且自动接通事故广播，指挥人员疏散和扑救。

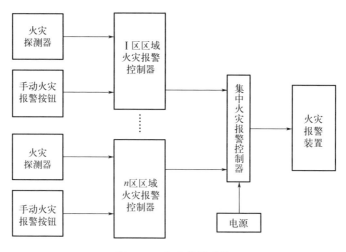

图 4-13　集中报警系统

（4）控制中心报警系统

如图 4-14 所示，控制中心报警系统由设置在消防控制室的消防控制设备、集中报警控制器、区域报警控制器和火灾探测器组成。系统中应至少有一台集中报警控制器和必要的消防控制设备。设置在消防控制室以外的集中报警控制器，均应将火灾报警信号和消防联动控制信号送至消防控制室。

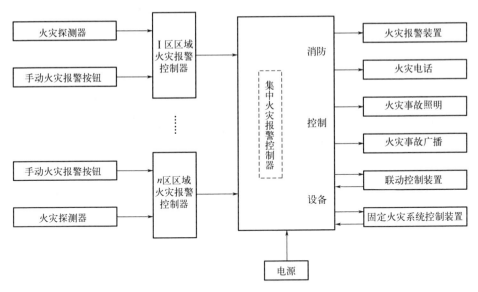

图 4-14 控制中心报警系统

控制中心报警系统适用于建筑规模大、需要集中管理的群体建筑及超高层建筑。其特点是：①系统能显示各消防控制室的总状态信号，并负责总体灭火的联络与调度；②系统一般采用二级管理制度。

自从火灾自动报警系统问世以来，误报一直是一个问题。降低误报主要应提高产品质量，降低设备故障，大多现代火灾自动报警系统比传统火灾自动报警系统的误报率要低得多。根据使用场所的实际情况正确选用火灾探测器，例如在灰尘大的地方选用感烟探测器就不合适，在宾馆客房选用感温探测器不能达到早期预报火警的目的。此外，合理设置和安装火灾探测器，正确使用和及时维修，使火灾探测报警设备始终处于良好运行状态，都是保障火灾自动报警系统稳定可靠工作的重要举措。

4.2 灭火技术

4.2.1 灭火基本原理

燃烧是一种放热、发光和快速的化学连锁反应，要使物质持续燃烧，必须具备四个必要条件：可燃物（还原剂）、助燃剂（氧化剂）、点火源（温度）、化学链反应。一切灭火方法都是为了破坏已经形成的燃烧条件，只要停止其中任何一个条件，燃烧就会停止，火灾发生后进行灭火时，控制火源已经失去了意义，因此，主要是消除可燃物和氧化剂以扑灭火灾。

（1）冷却灭火法

冷却灭火法是常用的一种灭火方法，可将灭火剂直接喷洒在燃烧着的物体上，将可燃物质的温度降到燃点以下以达到终止燃烧的目的；也可以将灭火剂喷洒在火场附近未燃烧的可燃物上起冷却作用，防止其受到辐射热影响而升温着火。

可燃物一旦达到着火点，即会燃烧或持续燃烧。在一定条件下，将可燃物的温度降到着火点以下，燃烧即会停止。对于可燃固体，将其冷却在燃点以下；对于可燃液体，将其冷却在闪点以下，燃烧反应就会停止。例如，用水扑灭一般固体物质的火焰，主要是通过冷却作用来实现的，由于水具有较大的比热容和很高的汽化热，冷却性能很好，在用水灭火的过程中，大量的热量被水吸收，使燃烧物的温度迅速降低，使火焰熄灭、火势得到控制、火灾终止。

（2）隔离灭火法

隔离灭火法也是常用的灭火方法之一，即将燃烧物与附近未燃的可燃物质隔离开，使燃烧因缺少可燃物质而停止。这种灭火方法适用于扑救各种固体、液体和气体火灾。

隔离灭火方法常用的措施有：①将可燃、易燃、易爆物质从燃烧区移至安全地带。②在扑灭可燃液体或可燃气体火灾时，迅速关闭输送可燃液体和可燃气体的管道上的阀门，切断流向着火区的可燃液体和可燃气体的输送管道，同时打开可燃液体或可燃气体通向安全区域的阀门，使已经燃烧或即将燃烧或受到火势威胁的容器中的可燃液体、可燃气体转移。③采用泡沫灭火时，泡沫覆盖于燃烧液体或固体表面，既能起到冷却作用，又能将可燃物与空气隔开，达到灭火的目的。④拆除与燃烧物相连的易燃建筑物。⑤在着火区域周围挖隔离带。

（3）窒息灭火法

窒息灭火法通过阻止空气进入燃烧区，或用惰性气体稀释空气，使燃烧物质因得不到足够的氧气而熄灭，也就是说，燃烧需要在最低氧浓度以上才能进行，低于最低氧浓度，燃烧反应不能持续进行，火灾即被扑灭。一般氧浓度低于15%时，就不能维持燃烧。在着火场所内，可以通过释放非助燃气体，如二氧化碳、氮气、水蒸气等，来降低空间的氧浓度，从而达到窒息灭火的目的。此外，如果采用水喷雾灭火系统进行灭火，由于喷出的水雾吸收热气流热量而转化成水蒸气，当空气中水蒸气浓度达到35%时，燃烧即停止，火灾被扑灭。

（4）化学抑制灭火法

窒息冷却、隔离灭火法，在灭火过程中，灭火剂不能参与燃烧反应，属于物理灭火方法，而化学抑制灭火法是灭火剂参与到燃烧反应中，起到抑制反应的作用。由于有焰燃烧是通过链反应进行的，因此灭火剂参与反应时能有效地抑制自由基的产生或降低火焰中的自由基浓度，使燃烧反应终止。常见的化学抑制灭火的灭火剂有干粉灭火剂和七氟丙烷灭火剂。化学抑制法灭火速度快，使用得当可有效扑灭初起火灾，但对固体深位火灾，由于渗透性较差，采用化学抑制法灭火时效果不理想。

在实际灭火中，应根据可燃物的性质、燃烧特点、火灾大小和火场的具体条件以及消防技术装备性能等实际情况，选择一种或几种灭火方法。无论哪种灭火方法，都要重视初起灭火。所谓初起灭火，就是在火灾初起时由于火势小，一个人或少数几个人就能将火灾扑灭。因此，需要做好以下日常工作，保证将火灾消灭在萌芽状态：①制定防灭火应急预案，健全消防体制机制，定期或不定期进行防火教育，加强火灾应急演练，保证在火灾时能采取恰当对策，迅速行动。②平时彻底检查、整治和消除能够引起火灾扩大的条件。③经常对消防器材进行维护检查，做到随时可用。

4.2.2 灭火剂的主要类型

（1）水灭火剂

水在常温下具有较低的黏度、较高的热稳定性、较大的密度和较高的表面张力，是一种古老而又使用范围广泛的天然灭火剂，它的主要优点是灭火性强、价廉、易于获取和存储。水主要的灭火机理有冷却作用、稀释作用、冲击作用等。

水具有较大的潜化热和汽化热，可利用自身吸收显热和潜热的能力发挥冷却灭火的作用，是其他灭火剂无法比拟的。此外，水被汽化后形成的水蒸气为惰性气体，且体积膨胀 1700 倍左右。在灭火时，由水汽化产生的水蒸气将占据燃烧区域的空间，稀释燃烧物周围的氧气，阻碍新鲜空气进入燃烧区，使得燃烧区内的氧气浓度大大降低，当水蒸气浓度达到 35% 时，燃烧熄灭。当水呈现喷淋或者雾状时，形成的水滴和雾滴的比表面积大大增加，增强了水与火之间的热交换，从而强化了其冷却和窒息的灭火作用。另外，对易溶于水的可燃、易燃液体还可以起到稀释作用；采用强射流产生的水雾可使可燃、易燃液体产生乳化作用，使得液体表面迅速冷却、可燃蒸气产生速度下降而达到灭火的目的。

由于水具有窒息、冷却和水力冲击等作用，可以用于固体火灾的扑灭，如扑救一般建筑火灾，常见固体物质如木材、煤炭、纸张等固体可燃物质火灾。

尽管水作为灭火剂有很多好处，但仍有其局限性，对于一些特殊场合不宜使用，设计上可考虑使用其他灭火剂如气体、干粉等。下面情况不宜使用水灭火：①碱金属（如钠、钾）火灾。水遇碱金属后发生剧烈化学反应，产生氢气和热量，容易引发爆炸。②金属碳化物、氢化物火灾（如碳化钙即电石，能产生乙炔和热量，容易爆炸）。③硫酸、硝酸、盐酸火灾。硫酸、硝酸、盐酸遇水冲击，引起飞溅，溅出伤人。④比水轻或不溶于水的易燃液体火灾，液体随水蔓延，带来火灾蔓延。⑤高压电气装置火灾，易产生触电。但是使用高压喷雾水可以扑灭硫酸、硝酸、盐酸火灾及高压电气装置火灾。

（2）泡沫灭火剂

泡沫灭火剂是与水混溶，通过化学反应或机械方法产生泡沫进行灭火的药剂，一般由化学物质、水解蛋白或由表面活性剂和其他添加剂的水溶液组成，通常有化学泡沫灭火剂、机械泡沫灭火剂、洗涤剂泡沫灭火剂等。泡沫是通过专用设备与水按规定的比例混合，稀释后与空气或其他气体混合形成的有无数气泡的集聚物。

化学泡沫是一种碱性盐溶液和一种酸性盐溶液混合后发生化学反应产生的灭火泡沫。用碳酸氢钠和硫酸铝的水溶液在泡沫发生器内反应产生，构成泡沫的气泡为二氧化碳。机械泡沫是由化学剂（主要是蛋白、氟蛋白泡沫等）的水溶液用机械的方式产生的泡沫。洗涤剂泡沫是对含石油洗涤剂 $2\%\sim3\%$ 的水溶液进行机械充气产生的一种低黏度泡沫。洗涤剂泡沫液比机械泡沫液便宜，但稳定性差。

目前，在灭火系统中使用的泡沫主要是空气机械泡沫。按发泡倍数可分为三种：发泡倍数在 20 倍以下的称为低倍数泡沫；在 $21\sim200$ 倍之间的称为中倍数泡沫；在 $201\sim11000$ 倍之间的称为高倍数泡沫。

泡沫灭火剂灭火主要依靠冷却、覆盖窒息作用，即在着火燃料表面上形成一个连续的泡沫层，通过泡沫本身和所析出的混合液对燃料表面进行冷却，以及通过泡沫层的覆盖作用使燃料和氧气隔绝而灭火。此外在灭火过程中，泡沫可使已被覆盖的燃料表面与尚未被泡沫覆盖的燃料的火焰隔绝开来，既防止火焰与已覆盖的燃料表面直接接触，又可隔绝火焰对此部分燃料表面的热辐射，有助于强化冷却和窒息作用。一般泡沫的覆盖厚度不小于 30cm。

泡沫灭火剂的适用范围：①低倍数泡沫适用于甲、乙、丙类液体，不适用于船舶、海洋石油平台以及存储液化烃的场所。②高倍数泡沫和中倍数泡沫均适用于 A 类、B 类火灾，封闭的带电设备以及液化石油气、液化天然气火灾。泡沫灭火剂不适用于醇类、酮类、醚类水溶液体以及带电设备火灾。

（3）干粉灭火剂

干粉灭火剂是干燥且易于流动的细微粉末，一般以粉雾的形式灭火。它由具有灭火效能的无机盐和少量的添加剂经干燥、粉碎、混合而成（细微固体粉末），是一种在消防中得到广泛应用的灭火剂。除扑灭金属火灾的专用干粉化学灭火剂外，干粉灭火剂一般分为 BC 干粉灭火剂和 ABC 干粉灭火剂两大类，包括碳酸氢钠干粉灭火剂、改性钠盐干粉灭火剂、钾盐干粉灭火剂、磷酸二氢铵干粉灭火剂、磷酸铵盐干粉灭火剂和氨基干粉灭火剂等。

干粉灭火剂主要通过在加压气体作用下喷出的粉雾与火焰接触、混合时发生的物理、化学作用灭火。一是靠干粉中的无机盐的挥发性分解物与燃烧过程中燃料所产生的自由基或活性基团发生的化学抑制和副催化作用，使燃烧的链反应中断（消除燃烧反应自由基）而灭火；二是靠干粉的粉末落到正在燃烧的可燃物表面上，发生化学反应，并在高温作用下形成一层玻璃状覆盖层，从而隔绝氧进而窒息灭火。另外，干粉灭火剂的喷散和挥发还有部分稀释氧气和冷却的作用。干粉灭火剂适用于扑灭 A、B、C 类火灾，但不能扑灭金属火灾，使用中应注意防止复燃。

（4）二氧化碳灭火剂

二氧化碳灭火剂是用于灭火的二氧化碳，是一种具有100多年历史的天然灭火剂，且价格低廉，获取、制备容易，但是灭火浓度较高，在灭火浓度下会使得人员受到窒息毒害。早期主要用于灭火器中，其后逐步发展到固定灭火系统中，现在国内二氧化碳灭火剂是在灭火器和灭火系统中使用量都较大的气体灭火剂。二氧化碳灭火主要依靠窒息作用、部分冷却作用和稀释作用。

二氧化碳具有较高的密度，约为空气的1.5倍。在常压下液态的二氧化碳会立即汽化，一般1kg的液态二氧化碳可产生约$0.5m^3$气体。灭火时，二氧化碳气体可以排除空气并包围在燃烧物体的表面或者分布于较密的空间中，降低可燃物周围或防护空间内的氧气浓度。当二氧化碳浓度达到30％～35％时可产生窒息作用而灭火。另外，二氧化碳从存储的容器中喷出时，会由液体迅速汽化成气体，而从周围吸收部分热量，起到冷却作用。

二氧化碳灭火剂适用于B、C类火灾，带电设备与电气线路火灾。气体火灾应有切断气源措施，防二次火灾或者爆炸。二氧化碳不能扑灭金属钾、钠、铝火灾，也不易扑灭某些物质如棉花内部的阴燃。

（5）七氟丙烷灭火剂

七氟丙烷是一种无色无味的气体状态的卤素碳，七氟丙烷的无毒性反应浓度（观察不到由灭火剂毒性影响产生生理反应的灭火剂的最大浓度）为9％、有毒性反应浓度（能观察到由灭火剂毒性影响产生生理反应的灭火剂的最小浓度）为10.5％，不导电。七氟丙烷灭火剂是一种以化学灭火为主，兼有物理灭火作用的洁净气体灭火剂；它不污染被保护对象，不会对财物和精密设备造成损坏；能以较低的灭火浓度，可靠地扑灭B、C类火灾及电气类火灾；存储空间小，临界温度高，临界压力低，在常温下可液态存储；使用后不含粒子或油状残余物，七氟丙烷不含氯或溴，对大气臭氧层无破坏作用（ODP值为零），在大气层停留时间为31～42年，符合环保要求，所以被用来替换对环境有害的卤代烷灭火剂中的1211灭火剂和1301灭火剂。

七氟丙烷虽然在室温下比较稳定，但在高温下仍然会分解，并产生氟化氢，产生刺鼻的味道。其他燃烧产物还包括一氧化碳和二氧化碳。另外，接触液态七氟丙烷可能导致冻伤。

上述五种灭火剂的适用范围见表4-3。

表4-3 灭火剂的适用范围

火灾类型 ＼ 灭火剂类型	水	泡沫	干粉	二氧化碳	七氟丙烷
A类如木材、纸、织物	√	√	√		
B类易燃液体	雾状水	√	√	√	√
C类易燃液体	冷却容器		√	√	√
D类如铝制电缆			√		√
电器装置			√	√	√
注意事项	切勿用于扑灭电气火灾或者直流水用于液体火灾	切勿用于电气火灾	防止复燃	不能扑救铝制电缆火灾，密闭火灾谨防危险气体中毒或者窒息	

4.2.3 干粉灭火技术

干粉灭火剂是由具有灭火效能的无机盐和少量的添加剂经干燥、粉碎、混合而成（微细固体粉末），是一种在消防中得到广泛应用的灭火剂。干粉灭火剂可扑灭一般火灾，还可扑灭油、气等燃烧引起的失火。

（1）干粉灭火原理

窒息、冷却及对有焰燃烧的化学抑制作用是干粉灭火效能的集中体现，其中化学抑制作用是灭火的基本原理，起主要灭火作用。干粉灭火剂中灭火组分是燃烧反应的非活性物质，当其进入燃烧区域火焰中时，分解所产生的自由基与火焰燃烧反应中产生的·H和·OH等自由基相互反应，捕捉并终止燃烧反应产生的自由基，降低了燃烧反应的速率。当火焰中干粉浓度足够高，与火焰接触面积足够大，自由基中止速率大于燃烧反应生成的速率时，链式燃烧反应被终止，从而火焰熄灭。干粉灭火剂在燃烧火焰中吸热分解，因每一步分解反应均为吸热反应，故有较好的冷却作用。此外，高温下磷酸二氢铵分解，在固体物质表面生成一层玻璃状薄膜残留覆盖物覆盖于表面，阻止燃烧进行，并能防止复燃。

（2）干粉灭火剂特性

干粉灭火剂粒径与其灭火效能直接相关联，灭火组分临界粒径愈大，灭火效果愈好。所以，制备在着火空间可以均匀分散、悬浮的超细灭火粉体，保证灭火组分粒子活性，降低单位空间灭火剂使用量是提高干粉灭火剂灭火效能的有效手段。常用干粉灭火剂粒度在 $10\sim75\mu m$，这种粒子弥散性较差，总比表面积相对较小，单个粒子质量较大，沉降速度较快，受热时分解速度慢，导致其捕捉自由基的能力较小，故灭火能力受到限制，一定程度上限制了干粉灭火剂使用范围。

超细灭火粒子由于比表面积大，活性高，能在空气中悬浮数分钟，形成相对稳定的气溶胶，所以不仅灭火效能高，且使用方法也完全不同于一般传统干粉灭火剂，它类似卤代烷淹没式灭火。例如 $KHCO_3$ 气溶胶灭火剂浓度仅为卤代烷 1301 的 2.0%，灭火效能却相当于它的 50 倍，且灭火后沉积物不明显，对火场造成污染很少。

（3）干粉灭火器的使用

干粉灭火器是利用二氧化碳气体或氮气气体作动力，将筒内的干粉喷出灭火的。干粉是一种干燥的、易于流动的微细固体粉末，由能灭火的基料和防潮剂、流动促进剂、结块防止剂等添加剂组成。除扑救金属火灾的专用干粉化学灭火剂外，干粉灭火剂一般分为 BC 干粉灭火剂和 ABC 干粉灭火剂两大类，前者是以碳酸氢钠为主要组分的灭火剂，后者是以磷酸二氢铵为主要组分的灭火剂。按充装干粉灭火剂的种类可以分为普通干粉灭火器和超细干粉灭火器，按操作方式分为手提式干粉灭火器和推车式干粉灭火器。

手提式干粉灭火器筒体采用优质碳素钢经特殊工艺加工而成。该系列灭火器具有结构简单、操作灵活、应用广泛、使用方便、价格低廉等优点。灭火器主要由筒体、瓶头阀喷射软管（喷嘴）等组成，驱动气体为二氧化碳，常温下其工作压力为 1.5MPa。推车式干粉灭火器主要由筒体、器头总成、喷管总成、车架总成等部分组成，驱动气体为氮气，常温下其工作压力为 1.5MPa。

手提式干粉灭火器灭火时，可手提或肩扛灭火器快速奔赴火场，在距燃烧处 5m 左右放下灭火器。如在室外，应选择在上风方向喷射。使用的干粉灭火器若是外挂式储压式的，操作者应一手紧握喷枪，另一手提起储气瓶上的开启提环。如果储气瓶的开启是手轮式的，则向逆时针方向旋开，并旋到最高位置，随即提起灭火器。当干粉喷出后，迅速对准火焰的根部扫射。使用的干粉灭火器若是内置式储气瓶或者储压式，操作者应先将把上的保险销拔下，然后握住喷射软管前端喷嘴部，另一只手将开启压把压下，打开灭火器进行灭火。有喷射软管的灭火器或储压式灭火器在使用时，一手应始终压下压把，不能放开，否则会中断喷射。

推车式干粉灭火器主要适用于扑救易燃液体、可燃气体和电气设备的初起火灾。推车式干粉灭火器移动方便，操作简单，灭火效果好。使用时，把灭火器拉或推到现场，用右手抓着喷粉枪，左手顺势展开喷粉胶管，直至平直，不能弯折或打圈，接着除掉铅封，拔出保险销，用手掌使劲按下供气阀门，左手把持喷粉枪管托，右手把持枪把用手指扳动喷粉开关，对准火焰喷射，不断靠前左右摆动喷粉枪把干粉笼罩住燃烧区，直至把火扑灭。

4.2.4　水及水系灭火技术

（1）水灭火技术

水灭火技术包括直流水灭火技术、开花水灭火技术、细水雾灭火技术、水蒸气灭火技术等。

直流水灭火技术是采用直流水枪喷出的密集水流作为灭火介质。直流水射程远，冲击力强，是水灭火的最常用方式。直流水灭火技术主要用于扑灭固体火灾（A类火灾），也可以用来扑灭闪点在 120℃ 以上、常温下呈半凝固状态的重油火灾，以及石油和天然气井喷火灾。直流水灭火技术不适宜扑救的火灾类型包括：①"遇水燃烧物质"的火灾；②电气火灾；③轻于水且不溶于水的可燃液体火灾；④储存大量浓硫酸、浓硝酸、浓盐酸等场所的火灾，以免强大的水流使酸飞溅，流出后遇可燃物质，引起爆炸或酸溅到人身上，导致人员伤亡；⑤高温状态下的化工设备，防止遇冷水后骤冷引起形变或爆裂；⑥有可燃粉尘聚积的厂房和车间的火灾，以免高速水流把沉积粉尘扬起，引起粉尘爆炸；⑦某些特殊化学物品火灾，如磷化铝、硒化镉等遇水会产生有毒或腐蚀性的气体。

由开花水枪喷出的滴状水流称为开花水。开花水灭火技术即使用开花水作为灭火介质的技术措施。开花水水滴直径一般大于 $100\mu m$。对于直流水不能扑救的有可燃粉尘聚积的厂房和车间火灾，最好用开花水流灭火。在紧急情况下，必须带电扑灭电气火灾时，要保持一定的安全距离。对于 380kV 以内的电气设备，如果使用 16mm 口径的水枪，安全距离为 16m。

所谓"细水雾"，是指在最小设计工作压力下、距喷嘴 1m 处的平面上，99％的雾滴体积平均粒径小于 1mm 的水雾。细水雾灭火技术是利用水雾喷头在一定水压下将水流分解成细小水雾滴进行灭火或防护冷却的一种固定式灭火技术，是在自动喷水灭火技术的基础上发展起来的，具有无环境污染（不会损耗臭氧层或产生温室效应）、灭火迅速、耗水量低、对防护对象破坏性小等特点。在哈龙灭火剂被淘汰、寻求替代品的大背景下，细水雾灭火技术得到重视。我国 20 世纪 90 年代末开始进行细水雾灭火技术的研究开发和试验工作，目前已经研制生产了多种细水雾灭火产品。

水蒸气灭火技术是利用水的水蒸气形态作为灭火剂，水蒸气的灭火作用是使火场的氧气量减少，达到阻碍燃烧的目的，同时还能够形成气幕以隔绝火焰与空气。水蒸气灭火技术常用在油类和气体火灾，其中扑灭气体火灾效果最好，常见应用于容积 $500m^3$ 以下的密闭厂房的全淹没式窒息灭火和煤气管道泄漏造成的火灾等。一般情况下，空气中水蒸气浓度越大，灭火的效果也越好。当空气中水蒸气浓度达到 35％时就可以有效灭火，当空气中水蒸气浓度达到 65％就可使燃烧的物质熄灭。

（2）水系灭火技术

水系灭火技术是运用水系灭火剂进行灭火的技术措施。水系灭火剂是由水、渗透剂、阻燃剂及其他添加剂组成，一般以液滴或以液滴和泡沫混合的形式灭火的液体灭火剂。水系灭火剂通过添加添加剂来改变水的性能，从而提高了水的灭火能力，减少了水的用量，扩大了水的灭火范围。水系灭火技术以其灭火效率高、环保、经济合理等优点得到重视和认可。《水系灭火剂》（GB 17835—2008）将水系灭火剂分为抗醇性水系灭火剂和非抗醇性水系灭火剂两大类。其中，抗醇性水系灭火剂是适用于扑灭 A 类火灾和 B 类火灾（水溶性和非水溶性液体燃料）的水系灭火剂，非抗醇性水系灭火剂是适用于扑灭 A 类火灾或 A、B 类火灾（非水溶性液体燃料）的水系灭火剂。

水系灭火剂含有增稠剂、稳定剂、阻燃剂、发泡剂等多种成分，其灭火机理如下：在灭火过程中，水系灭火剂在燃烧物表面流散的同时析出液体冷却其表面，并在燃烧物表面上形成一层水膜，与泡沫层共同封闭燃烧物表面，隔绝空气，形成隔热屏障，吸收热量后的液体汽化并稀释燃烧物表面空气的含氧量，对燃烧物体产生窒息作用，阻止燃烧的继续；同时，水系灭火剂与燃烧物发生化学反应，形成聚合物质，该聚合物质能有效地抑制或降低燃烧自由基的产生，破坏燃烧链，阻止燃烧。由于水系灭火剂具有物理灭火与化学灭火的双重作用，同时也具有破坏燃烧链的作用，因此与传统灭火剂相比，其灭火效率有着不可比拟的明显优势，并具有广谱灭火作用，即可以扑灭 A、B、C、E 类火灾。该灭火剂还有消烟和隔热等性能。

常见的水系灭火剂有：

① 强化水灭火剂。强化水灭火剂是在水中添加某些盐类和渗透剂等物质，从而提高水的灭火效果，常见的强化水灭火剂添加盐类有碳酸钾、碳酸氢钾、碳酸钠和碳酸氢钠等。

② 润湿水灭火剂。润湿水灭火剂是在水中添加表面活性剂，降低水的表面张力，提高水的湿润、渗透能力。润湿水灭火剂主要用于扑救不易润湿的物质的火灾。

③ 抗冻水灭火剂。我国北方冬天气温较低，为了防止水结冰，应在水中加入防冻剂，提高水的耐寒性而制成抗冻水灭火剂。

④ 减阻水灭火剂。减阻水灭火剂是在水中加入微量的高分子聚合物，改变水的流体动力学性能，降低流动阻力，使水射流更加密集，以增加射程。

⑤ 增稠水灭火剂。增稠水灭火剂是在水中加入增稠性添加剂，可使水的黏度增加，显著提高水在物体表面的黏附性能，在物体表面形成黏液覆盖层，既可减少水的流失，提高灭火速度，又可有效防止水的流失对财产和环境的二次破坏。

⑥ SD 系列强力灭火剂。SD 系列强力灭火剂是一种新型水系灭火剂，主要适用于扑救 A 类火灾，它由 70%～75% 的水、15%～20% 的混合盐（降低其凝固点）、3%～5% 的助剂、1%～2% 的润湿剂（提高灭火剂在可燃物中的渗透性）和 0.5%～2% 的增稠剂（提高黏附性）组成。

水系灭火剂的优缺点：水系灭火剂具有灭火效果好，经济合理，对环境无污染等优点，但水系灭火剂对金属容器的腐蚀值得注意。为了保证水系灭火剂的储存稳定性和减少容器的锈蚀，可以在金属容器的内壁涂上保护材料层（如塑料）或在水中添加抗蚀剂来抑制腐蚀。

（3）常见的水灭火系统

① 消火栓。消火栓系统是最常用的灭火系统，由蓄水池、加压送水装置（水泵）及消火栓等主要设备构成，这些设备的电气控制包括水池的水位控制、消防用水和加压水泵的启动。按照服务范围，可分为市政消火栓、室外消火栓和室内消火栓系统。按照消火栓系统加压方式的不同，可分为常高压消火栓系统、临时高压消火栓系统和低压消火栓系统。按照消火栓系统是否与生活、生产合用，可分为生活、生产、消火栓合用系统和独立的消火栓系统。

② 水泵接合器。消防水泵接合器由法兰接管、弯管、止回阀、放水阀、闸阀、消防接口、本体等部件组成。闸阀在管路上作为开关使用，平时常开。止回阀的作用是防止水倒流。安全阀用来保证管路水压不大于1.6MPa，消除水锤破坏，以防意外。放水阀是供泄放管内余水之用，防止冰冻和腐蚀。底座支承着整个接合器，并和管路相连。水泵接合器作用主要有：一是当室内消防水泵因检修、停电或出现其他故障时，利用消防车从室外水源抽水，向室内消防给水管网提供灭火用水；二是当遇大火室内消防用水量不足时，利用消防车从室外水源抽水，向室内消防给水管网补充消防用水。高层建筑、超过5层的教学楼等民用建筑、超过4层的库房、设有室内消防给水管道的住宅，应设置水泵接合器。高层建筑采用竖向分区供水方式的，各分区应分别设置水泵接合器。

③ 自动喷水灭火系统。自动喷水灭火系统是由洒水喷头、报警阀组、水流报警装置（水流指示器或压力开关）等组件，以及管道、供水设施等组成，能在发生火灾时喷水的自动灭火系统。自动喷水灭火系统在保护人身和财产安全方面具有安全可靠、经济实用、灭火成功率高等优点，广泛应用工业建筑和民用建筑。自动喷水灭火系统根据所使用喷头的形式，可分为闭式系统和开式系统两大类；根据系统的用途和配置状况，自动喷水灭火系统又分为湿式系统、干式系统、预作用系统、雨淋系统、水幕系统、自动喷水-泡沫联用系统等。

4.3　新型探测报警和灭火设备

4.3.1　新型探测报警设备

（1）小型侦察机器人

运用关节摆臂式移动载体、远距离实时无线传输和抗干扰、双通道冗余通信、辅助救援器材装备配备选型等关键技术，研制了具有自主知识产权的地下空间专用小型侦察机器人，可为地下空间侦察和救援提供辅助技术手段。如图 4-15 所示的小型侦察机器人，其行走速度达到 3.6km/h，可持续工作 2h，适用于替代消防员进入地下空间等灾害事故现场执行侦察任务。随车携带的附件还可为受困人员提供逃生路线指示、呼吸防护、强光照明等方面的辅助逃生手段，协助受困人员尽快脱困。

图 4-15　地下空间用小型侦察机器人

（2）消防用防爆型化学侦检机器人

如图 4-16 所示的消防用防爆型化学侦检机器人，它采用了关节履带式行走结构，能跨越 250mm 垂直障碍物及 30°斜坡，最高速度达 1m/s。该机器人还具有防爆特征，适用于易燃易爆、有毒有害、易坍塌建筑物、大型仓库堆垛、缺氧、浓烟等室内外危险灾害现场，执行现场探测、侦察任务，并可将采集到的信息（数据、图像、语音）进行实时处理和无线传输。该机器人有效解决了消防人员在上述场所面临的人身安全、持续侦察时间短、数据采集量不足和不能实时反馈信息等问题。

图 4-16　消防用防爆型化学侦检机器人

（3）便携式点型感烟火灾探测器现场定量检测装置

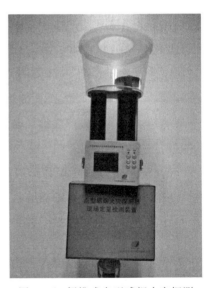

　　图 4-17 所示为便携式点型感烟火灾探测器现场定量检测装置，它是基于短光程烟浓度测量技术及烟雾浓度自调节控制技术研发的新型现场定量检测工具。该装置用于一般工业与民用建筑中安装的点型光电感烟火灾探测器响应性能的现场定量评测，该装置的推广应用将有效避免点型光电感烟探测器迟报、漏报问题，为建筑消防安全与防火监督提供设备支撑。

　　该装置的主要技术参数有：①检测量程 0～1.5dB/m；②检测精度 0.01dB/m；③平均测试周期≤2min/只；④电池工作时间≥8h。主要功能特点有：①采用环保无毒的检测烟源，烟源具有再现

图 4-17　便携式点型感烟火灾探测器现场定量检测装置

性和稳定性；②检测端与控制端采用分体式设计、无线通信，可在 10m 内有效控制；③体积小、重量轻、便于携带、操作方便、检测精度高等。

（4）点型感烟火灾探测器响应阈值便携式现场检测装置

针对传统检测装置仅能进行点型感烟火灾探测器感烟功能定性测试的局限性，通过研究便携式烟源的研制技术和光学密度计小型化技术，形成了工程现场烟雾浓度计量技术和方法，研制了点型感烟火灾探测器响应阈值便携式现场检测装置，并且制定了点型感烟火灾探测器现场定量检测方法，解决了检测装置灵敏度与便携性之间的矛盾。如图 4-18 所示的装置实物图，它适用于一般工业与民用建筑中安装的使用散射光工作原理的点型感烟火灾探测器的现场定量检测，已应用于办公楼和电子工厂车间等场所。该装置的主要性能有：①整机质量 3.0kg；②检测量程范围 0～1.5dB/m；③烟源环保，具有再现性和稳定性；④平均测试周期小于 2min/只；⑤电池工作时间大于 4h；⑥无线通信，视距范围内可控。

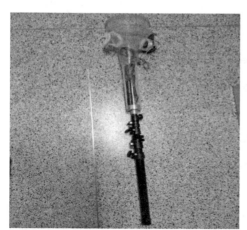

图 4-18　现场检测装置的检测端与伸缩杆（左）和控制端（右）

（5）基于 NB-IoT 的智能火灾预警系统

如图 4-19 所示，基于 NB-IoT 的智能火灾预警系统由感知层设备、NB-IoT 网络、无线联网火灾预警监控平台及终端 App 组成，其中感知层设备包括具有无线联网功能的独立式感烟火灾探测报警器、独立式感温火灾探测报警器、独立式可燃气体探测器、独立式电气火灾监控探测器等设备。该系统用于解决家庭住宅、"九小场所"❶、合用场所、文物建筑、文化古镇等消防安全"洼地"缺乏有效火灾预警防控手段的问题，对受保护场所的火、电、气、水等参数进行全面感知与分析，提升了无线联网火灾预警系统的火灾预警探测能力、系统报警时效性以及系统运行稳定性。

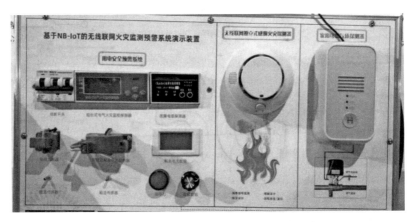

图 4-19　基于 NB-IoT 的智能火灾预警系统

该智能火灾预警系统的功能特点有：①独立式火灾探测报警器防虫、抗粉尘污染；②火警复核逻辑及远程视频火警确认；③独立式火灾探测报警器具有网络信号质量监测功能；④适合在用场所电气线路电气火灾监测的开合式剩余电流传感技术；⑤语音电话、短信、App 等多种信息推送方式；⑥平台实现网格化权限管理；⑦无线联网设备低功耗、电池长续航；⑧设备安装简单，系统部署成本低；⑨感知层设备大容量组网可靠性高。

该智能火灾预警系统的主要性能与技术参数：①独立式火灾探测报警器火灾预警/报警信息传输至监控平台时间＜30s；②独立式火灾探测报警器摘除、电池低电量等故障报警时间≤100s；③独立式火灾探测报警器离线故障报警时间≤24h；④信息推送时间≤10s。⑤电池使用寿命≥3 年。与国内外同类装备相比具有以下优点：①基于 NB-IoT 窄带蜂窝公网，结合电池优化节电技术，提升了网络规模、接收灵敏度以及覆盖范围，实现了与低功耗需求的统筹兼顾。系统有效解决了独立式火灾探测报警器只能本地报警、报警信号无法向外

---

❶ 九小场所是消防领域较为常见的说法，一般指小学或幼儿园、小医院、小商店、小餐饮场所、小旅馆、小歌舞娱乐场所、小网吧、小美容洗浴场所、小生产加工企业九类场所。

远程传递的问题，并且基于授权频段蜂窝公网，信道洁净，减少投入成本，网络的可靠性和稳定性高。城区环境下系统容量能够扩展到万级点数，通信距离能够达到公里级别，能够在经过一堵钢混墙条件下进行通信，电池使用时间可达3年以上。②种类丰富，涵盖水、电、火、气、视频监控等住宅与小场所相关全部监测手段，可以按需布设，形成立体防控；具有开合式电气火灾监控手段，安装电气火灾监控系统无须断电断网。③基于多信息接口与分级权限设置，使系统契合住宅、小场所、合用场所、临时建筑火灾防控实际需求。系统云平台能够接入多种独立式火灾探测、预警信息，具有信息接入、处理与警情分级分权限推送功能，并且具有与视频监控系统联动的接口，可利用视频资源进行火警辅助确认。

4.3.2　新型灭火设备

（1）非视距遥操作地面消防机器人

如图4-20所示的新型非视距遥操作地面消防机器人，它具有适合于配置大流量消防炮的六轮全驱式移动载体、适应复杂灾害事故非结构化地面环境的悬架结构以及非视距状态下的高清图像传输系统。该机器人运用了非视距、遥操作下远距离实时高清图像传输技术，未知环境与障碍物的主动感知识别技术，灭火机器人的全压喷射灭火状态下移动载体驱动技术，多功能组件模块化技术，改变了现有地面消防机器人无法脱离视距范围进行遥操作的现状，实现了消防机器人远距离遥操作。

图4-20　新型非视距遥操作地面消防机器人

该新型非视距遥操作地面消防机器人的主要性能指标包括：①地面适应性。跨越障碍物高度≥500mm，爬坡能力≥30°，行走速度≥7km/h。②操控性。图像传输距离≥1km，图像传输延时≤250ms。③灭火性能。消防炮流量≥100L/s，射程≥90m。该机器人适用于石油化工、油罐区、大型仓库等高温、强热辐射、易坍塌的火灾现场。

（2）全地形消防灭火、排烟机器人

全地形消防灭火、排烟机器人底盘采用了大行程纵臂式悬架、整体式承载框架、六轮全驱动设计，对地面具有超强的自适应附着能力，能够在沼泽、草地、坑洼路面、连续驼峰、碎石等路面轻松、灵活行走，满足了消防灾害现场复杂地面环境快速移动的实战要求，具体样式如图4-21所示。该消防机器人底盘具有良好的动力性能、负载能力和拓展性，在进行消防作业时需要携带一定的作业模块和特殊救援器材，并且能够远距离拖曳充实的消防水带。该全地形消防灭火、排烟机器人底盘的动力系统采用了大容量动力电池加交流电机的形式，控制模块采用基于CAN总线的分布式模块化设计，使得它具有强劲的动力和灵敏快速的机动性能，不仅能够负担550kg的负载，还可以顺利攀爬30°的斜坡和爬越60cm的垂直障碍物，此外还具备拖动两根100m长的充实水带在泥泞土地上行走和在30°的斜坡上进行原地转弯等优良性能。

(a) 消防排烟机器人 　　　　　　　　(b) 消防灭火机器人

图 4-21　消防排烟机器人与消防灭火机器人

该全地形消防机器人具有适应能力强、负载能力大、拓展性能好等特点，适用于石油化工、油罐区、大型仓库、建筑物等消防车辆及人员无法靠近的高温、强热辐射、易坍塌等危险场所，替代消防队员进行灭火、阻烟、排烟、侦

查、冷却等消防作业。

（3）履带灭火机器人

如图 4-22 所示的履带灭火机器人，它能够在根本上解决消防救援人员深入危险场所进行侦察和灭火的难题。履带灭火机器人总有效功率 4kW，底盘采用两个 2.4kW 无刷霍尔电机，采用 PWM＋STM32 实现数传控制，克服大电流高功率控制难度大的困难，实现功率的大幅提升，可拉拽水带 200m 以上，设备运载质量约 1.5t，最大远程控制距离约 1000m。装置还配备了阿密龙水炮，射程达到 80m 以上，平台可运送装备加载设备，此外还预留了一路控制，可在平台加装类似照明或者排烟机的电气设备。

图 4-22　履带灭火机器人

（4）大型移动水力排烟机

针对排烟机在建筑内部应用时移动困难的问题，利用压力水源作为动力制成大型移动水力排烟机，如图 4-23 所示，其最大排烟量为 $75000m^3/h$，喷雾量≥20L/s，可同时喷射水雾冷却降温。该排烟机采用一种上下楼梯的行走机构，在灭火救援现场只需要一人操作就可以实现上楼或下楼动作，深入楼梯间、地铁、隧道等特殊场所火灾现场进行排烟，也可用于火场降温和稀释有毒有害及易爆气体，操作简便。

大型移动水力排烟机主要由风机扇叶，罩壳，网罩，水轮机，推车机构，俯仰调节机构等部件组成。排烟机通过水带与消防车常压泵或中低压泵连接，

图 4-23 大型移动水力排烟机

通过压力水驱动水轮机运转，从而带动风机进行排烟，带动水轮机的动力水通过喷嘴喷出。它具有以下特点：①动力机构采用水轮机驱动，本安防爆，无须接回水水带，具有重量轻、体积小、效率高的优点。②具有俯仰调节机构，可以根据应用场合特点调节俯仰角。③移动机构具有上下楼梯功能，排烟机沿不规整地面上下坡，或进行上下楼梯时，通过后轮的翻转动作实现越障和爬楼梯的功能，解决了移动式水力排烟机上下楼梯的困难、耗时耗力的问题。其主要性能参数如表 4-4 所示。

表 4-4 大型移动水力排烟机性能参数表

接口公称通径	压力范围/MPa	质量/kg	额定工作压力/MPa	供水流量/(L/s)	最大排烟量/(m³/h)
DN80/90	0.5~1.2	≤81	0.8	15	60000
			1.0	18	70000
			1.2	20	75000

（5）室外消火栓机动供水装置

室外消火栓机动供水装置由室外消火栓开关、接口转换器、手抬机动泵、供水管线等组成，如图 4-24 所示。该装置能够快速利用室外消火栓形成机动供水阵地，将消火栓与手抬泵形成耦合供水系统达到增压效果，从消火栓原有的 0.1MPa 压力值提升到 1MPa 左右，也可以根据火场情况，作为进攻阵地，压力、水流量能够满足出枪、水炮的需求。该装置能够有效解决火场供水混乱、室外消火栓供水方式单一、供水场地受限等问题。针对辖区大型企业较多，发生灾情后企业内部无法同时停靠多部主战消防车辆，形成主阵地时铺设水带较远的情况，该装置可以利用室外消火栓快速展开、快速出水形成独立作战阵地。

图 4-24　室外消火栓机动供水装置

（6）大流量移动式遥控消防炮

如图 4-25 所示的大流量移动式遥控消防炮，其优化了消防炮喷嘴设计、炮体结构与流道，有效减少了炮体压力损失，实现了消防炮远射程（≥125m）、高射高（≥50m，喷射角 45°）。应用大流量移动式遥控消防炮灭火模块，实现了大流量移动式遥控消防炮同等流量条件下远射程，同等射程条件下低流量的高效节水功能，可广泛应用于石油化工、油罐区等重特大石化火灾现场的扑救。

图 4-25　大流量移动式遥控消防炮

（7）移动式远射程中倍数消防泡沫炮

移动式远射程中倍数消防泡沫炮是一种新型移动式泡沫灭火装备，结构紧凑可靠，机动性强，在达到同工况低倍数消防泡沫炮灭火强度及射程的同时，能够喷射隔热保护性能更好的中倍泡沫，如图4-26所示实物。该消防泡沫炮提高了扑灭A类火灾的灭火效率，同时也可以满足B类火场的灭火战斗需要，广泛适于扑救A类、B类火灾，如固体物质仓库、易燃液体仓库、有火灾危险的工业厂房、地下建筑工程、可燃易燃液体及液化石油气和液化天然气（LNG）的流淌性火灾等。

图 4-26　移动式远射程中倍数消防泡沫炮

该消防泡沫炮由低倍数泡沫喷管和中倍数泡沫喷头组成，在不低于0.8MPa的压力下，通过将不同发泡倍数的泡沫进行振荡混合后，产生具有较高发泡倍数和较远射程的中倍数泡沫。低倍泡沫喷射到燃烧物表面，首先发挥冷却功能，而中倍泡沫射流隔离表面空气，这样能减少中倍泡沫的毁坏强度，提高灭火效率。该装备可以使用各种泡沫，包括浓度为2%～6%的可形成薄膜的氟化泡沫灭火剂，以及浓度为1%～6%的泡沫灭火剂。该消防泡沫炮结构简单紧凑，不使用时可以收拢折叠，收拢后可以直接推拉移动，体积较小，可配置于消防车器材箱内，其主要技术参数如表4-5所示。

表 4-5　移动式远射程中倍数消防泡沫炮主要技术参数

项目	参数
外形尺寸/mm	1951×620×594
额定流量/(L/s)	48
额定工作压力/MPa	0.8
射程/m	55
水平回转角/(°)	±45

续表

项目	参数
仰角回转角/(°)	+30～+70
发泡倍数	≥20
50%析液时间/min	≥15
质量/kg	≤75

（8）多功能转角消防水枪

如图 4-27 所示的多功能转角消防水枪，它采用模块化设计，由接管、喷雾连接管、枪头、三通接头、锤击头和开关阀组成，枪头包括刺穿枪头、水雾喷嘴和瞄口式喷嘴三种形式，可根据灭火实战需要现场选择、快速安装，转角长度也可根据现场需要快速组装，具有重量轻、操作方便、用途广泛的特点，可以满足破拆和扑救吊顶、堆垛、稻草堆等隐蔽火灾的需要，同时适用于烟囱火灾、通风道火灾、电缆槽阴沟火灾、骑墙火灾等常规水枪难以处置的场景。

图 4-27 多功能转角消防水枪

多功能转角消防水枪的主要功能特点如下：①额定喷射压力为 0.35MPa，额定流量为 5L/s。②功能多样，组装方便。多功能转角消防水枪采用模块化设计，所有组件都可通过管螺纹相互连接，其枪头可以根据灭火实战的需要进行更换，配备的枪头包括刺穿枪头、水雾喷嘴和瞄口式喷嘴，三通接头可实现转角功能，图 4-28 所示为多功能转角消防水枪的常用组合方式。③轻便小巧。整套水枪净重在 6kg 以下，1～2 人即可完成喷射和破拆作业，双人操作 0.5m 距离内可穿透 2mm 工业铝板。④开闭迅速。开关阀采用球阀设计，喷射出水和关闭迅速。

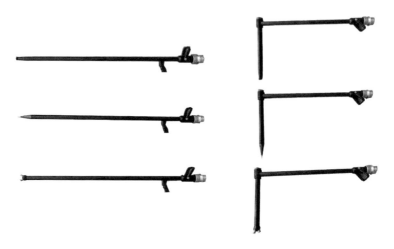

图 4-28　多功能转角消防水枪常用组合方式

（9）路轨两用消防车

如图 4-29 所示的路轨两用消防车，可在公路、铁路和城市地铁隧道行驶，攻克了公路行驶转换为轨道行驶的轮轨转换等关键技术，具有灭火、排烟、照明、侦检、破拆、救生、人员疏散诱导、自保护等功能，使得城市轨道交通和铁路隧道的消防安全得到一定保障。一旦轨道交通发生火灾事故，路轨两用消防车便能够从轨道上赶到火灾现场进行消防作业，从而将城市轨道交通的火灾事故造成的损失降到最低。整车主要结构参数及技术性能指标见表 4-6。

图 4-29　路轨两用消防车

表 4-6 路轨两用消防车的主要结构参数与性能指标

项目		参数
底盘型号		JNP1200FD2J1
整车外形尺寸(长×宽×高)/mm		9000×2490×3150
轴距/mm	公路	4700
	轨道	4525
轮距/mm	公路	2006/1805
	轨道	1492.5(与轨距1435mm匹配)
驾乘人员数/人		6
最高车速(公路/铁路)/(km/h)		90/30
满载总质量/kg	总	18850
	前桥	7290
	后桥	11560
发动机型号		D2866LF27
最大扭矩/(N·m@r/min)		1700@900~1400
额定功率/(kW@r/min)		265@1400~1900
变速箱型号		9JS200TA(FAST)
水泵取力器		QQ90,速比1.55,电控气动
液压泵取力器		QH50和QH50A,电控气动
消防泵	型号	CB35.10/6.50-TB
	额定流量/(L/s)	低压50,高压6
压缩空气泡沫系统	型号	JDAX50/3000
	额定供气量/(L/min)	3500
	混合比范围/%	0.1~1.0
车前炮	型号	RB3024W
	额定流量/(L/s)	30
	射程/m	≥40
轨道行驶0~30km/h加速时间/s		≤25
轨道行驶30km/h制动时间/s		≤10
轨道行驶30km/h制动距离/m		≤50

　　路轨两用消防车基于常规抢险救援消防车的配置,考虑地下工程灭火的一些特殊要求,还布置了灭火与排烟设备以及自保护和牵引装置。

　　① 灭火与排烟设备的布置。发动机通过取力器经传动轴给中置高低压消

防泵提供动力。取力器输出传动轴首先接空压机下的过渡轴，过渡轴上设置有电磁离合主动盘，过渡轴输出端接消防泵传动轴。消防泵两侧设有两只高压软管卷盘，并接高压喷雾水枪，有效实现了快速进攻水喷雾灭火。路轨两用消防车配备了车前炮、移动式消防炮、水力排烟机（或电动排烟机）、压缩空气 A 类泡沫系统，为隧道灭火、排烟提供有效的装备手段。

② 其他消防设备及自保护和牵引装置。路轨两用消防车在消防照明方面，配有 5.5kW 移动式发电机组，并备有 $4 \times 1kW$ 升降式照明系统及便携式照明灯；在侦检器材方面，可选配热像仪、有毒有害气体侦检仪；在空气呼吸保护装备方面，可配备 4 只容积 300L 的压缩空气瓶，消防员每人配备双 4L 瓶的空气呼吸器；在通信系统方面，可配置语音通话、数据和图像传输设备；在自保护装置方面，设置轮胎、驾驶室自保护喷淋系统；在牵引装置方面，前后分别设置牵引绞盘，牵引力达到 50kN。

（10）灭火弹

灭火弹是一种爆炸后用于消防灭火的炮弹，又称为消防弹，如图 4-30 所示。其使用方便，威力大，但如果操作不当，会造成不能引爆，失去应有的作用，甚至还会伤人。按照主要成分，灭火弹主要分为沙石灭火弹和干粉灭火弹两类。按照体积，灭火弹分大中小三种型号。小型覆盖面积约 $20m^2$，其主要材料对环境无毒害污染，制作过程亦无污气、污水、污物排放，爆炸时对人体、建筑物及其他家私器材等不会造成伤害，只对火源起作用，适用于家居住宅、机关、学校、商店、娱乐、仓库、码头及森林等场所。如火势过大及油罐等爆炸引起大火，可选用中大型灭火弹。其使用轻便，不附带设备，灭火迅速，能在较短时间内将火源消灭，在不使用时，可放于适当地方，当火源燃着弹体时，能自动引爆灭火，起到及时控制火源的作用，有利于争取更多时间，减少损失。

灭火弹的使用方法：手投式超细干粉灭火弹有貌似手榴弹形状的，也有像大罐头瓶样式的；有带拉环和保险顶的（拉发式），还有只需掏出超导热敏线的（引燃式）。弹体外壳由纸质制成。发生火情时，对于拉发式，灭火人员握住弹体，撕破保险纸封，勾住拉环，用力投向火场，灭火弹在延时 7s 后在着火位置炸开；对于引燃式，灭火人员握住弹体，撕破保险纸封，掏出超导热敏线，直接投入火场，超导热敏线在火场受热速燃并爆炸。爆炸释放出超细干粉

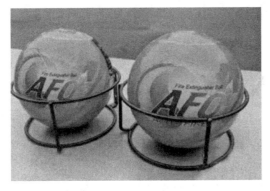

图 4-30　灭火弹

灭火剂，可在短时间内使突发初起火灾得到有效控制。

　　使用灭火弹实施灭火，在灭火前使用人员必须经过如何投扔灭火弹的技能培训，如使用拉发式灭火弹时，一定要在延时 7s 的时间内将灭火弹投出，否则会出现炸伤本人或同伴的可能；引燃式灭火弹则要注意掏出的热敏线在投出前避开火源（在存放时，引燃式比拉发式更要注意防火）。更重要的是要在购买灭火弹时对产品进行质量调查和比较，才能放心使用。

思考题

1. 简述灭火器的基本原理以及各类灭火器的特点。
2. 试分析当火灾发生时，火灾自动报警系统该如何运作。
3. 简述自动喷水灭火系统的分类和特点。
4. 简述泡沫灭火系统的基本原理以及组成。
5. 简述干粉灭火系统的基本原理以及组成。

第 5 章

火场人员疏散与逃生

在人类居住的地方，由于人们对防火的疏忽大意，难免会发生火灾，而且火灾的发生与发展通常难以预测。建筑物失火后，首要的问题是被困人员能否及时、顺利地到达室外的安全区域。此时，疏散及逃生对于人群流动的正确引导、减少人员伤亡起到关键作用。降低火灾带来的人员伤亡，最根本的一点是要提高人们火场疏散与逃生的能力。一旦火灾降临，在浓烟毒气和烈焰包围下，不少人葬身火海，也有人死里逃生。面对滚滚浓烟和熊熊烈焰，只要冷静机智运用火场自救与逃生知识，就有极大可能拯救自己、拯救他人。

5.1　疏散与逃生

疏散是指火灾发生时建筑物内的人员从各自不同的位置做出迅速反应，通过专门的设施和路线撤离着火区域，到达室外安全区域的行动。同样，它也是一种有序地撤离危险区域的行动，有时会有引导员指挥疏导。逃生即是为了逃脱危险境地，以求保全生命或生存所采取的行为或行动。

火灾中人的疏散过程一般遵循以下三个规则：①目标规则。即疏散人员可以根据火灾事故状态的变化及时调整自己的行动目标，不断尝试并努力保持最优的疏散运动方式，向既定的安全目标移动。②约束规则。即疏散行动过程中受到各种障碍的约束，人员遵从这些约束条件限制，通过不断调整自己的行为决策使受到的约束和障碍程度最小，争取在最短的时间内达到当前的安全目标。③运动规则。即疏散人员会根据疏散过程中所接受和反馈的各种信息不断调整自己的疏散行动目标和疏散运动方式，以最快的疏散速度，在最短的时间内向最终的目标疏散。

图 5-1 为发生火灾时人员疏散的行为示意，包含了疏散目标选择、疏散路

径优化、约束条件制约以及目标达成等过程。此外，人员疏散行为还会受到建筑环境状态、建筑空间结构、人员分布及个体行为特点等因素的影响。

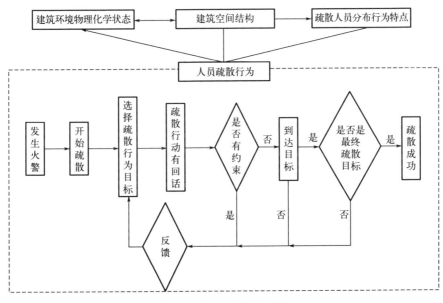

图 5-1　人员疏散行为示意

疏散是一种有序的人群流动的行为，其目的性、方向性、路线性、秩序性、群体性都很强，而不是盲目的、杂乱无章的。其通常需要在事先制定疏散预案并多次演练才能确保在实战中达到预期效果。而建筑消防安全疏散预案的设计是根据建筑物的特性设定火灾条件，预测火灾和烟气流动特性，采取一系列符合防火规范的防火措施，进行适当的安全疏散设施的设置和设计，并且提供合理的疏散方法和其他安全防护方法，保证具有足够的安全度来实现人员的安全有序撤离。而逃生行为通常具有目的性，但不一定具备有序性和方向性，多数情况下是指个体或少数人的行为，很少用于人群流动的集体行为。

5.2　火场人员疏散时间

人员疏散和火灾发展是沿着一条时间线不可逆进行，两者之间的关系见图 5-2。火灾过程大体可以分为起火期、火灾成长期、全盛期、衰退期、熄灭共五个阶段，人员疏散过程一般包括察觉火灾、行动准备、疏散行动、疏散到安全场所等阶段。

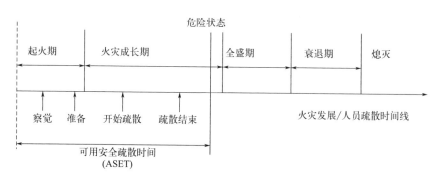

图 5-2　火灾发展与人员疏散逃生之间的关系

由于人员疏散逃生过程包括多个阶段，通常对时间量进行更详细的划分，例如可以划分为火灾探测时间、报警时间、人员调查取证时间、决策时间、穿行时间以及等待时间，共六个部分，如图 5-3 所示。

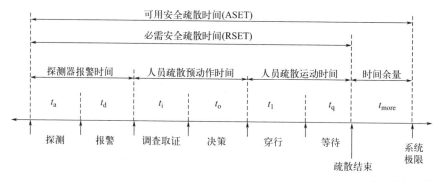

图 5-3　人员安全疏散的时间划分

图 5-3 中将人员疏散时间划分为两个部分，即人员疏散预动作时间和人员疏散运动时间。其中，人员疏散运动时间是指人沿疏散路线逃生过程中的穿行时间和在拥挤过道或出口处的等待时间的综合。人员疏散预动作时间是指人对火灾线索调查取证的时间与确认火灾发生后做出决策的时间综合，包括意识时间和响应时间。意识时间指的是从火灾报警或发觉火灾线索开始到疏散准备行为发生之前这段时间，响应时间指的是从疏散准备行为发生到正式开始逃生行动这段时间。在建筑火灾中，当建筑物的可用安全疏散时间大于必需安全疏散时间，则认为人员疏散是安全的。

火灾情况下，确保人员能够安全疏散是建筑防火安全设计与评估的一项重要目标。然而，火灾发生和发展的双重性规律决定了在建筑防火安全设计过程中存在各种类型的不确定性，表现在人员疏散方面就是涉及很多不确定性的参数。对于人员安全疏散，研究安全疏散包含的两个时间量和所涉及参数的不确定性具有重要的应用价值，这两个时间量即为人员可用安全疏散时间与人员必需安全疏散时间。

5.2.1　人员可用安全疏散时间

人员可用安全疏散时间是指从起火时刻开始到对人员生命安全构成的危险时刻来临这段时间，其值的大小主要与火灾燃烧类型、可燃物热值、建筑结构及材料、防灭火措施等因素有密切关系。火灾对人生命安全构成的危险状态主要通过热辐射通量、烟气温度、烟气中毒性气体浓度、建筑内能见度等参数的临界值来表示。

影响人员可用安全疏散时间的因素特别多，其中主要从两个方面来分析：一方面是起火后烟气对人的威胁；另一方面是建筑结构的倒塌。根据火场伤亡的统计，火灾条件下人员伤亡的原因多数是烟气中毒、高热或缺氧。而火场上出现有毒的烟气、高热或严重缺氧的时间，由于种种条件的不同而有早有晚，少则 5～6min，多则 10～20min。建筑倒塌是由建筑构件的耐火极限决定的。耐火性能好，倒塌的可能性小，允许人员全部从容离开建筑疏散的时间长。一、二级耐火等级的建筑，一般说来是比较耐火的。我国建筑吊顶的耐火极限一般为 15min，它限定了允许疏散时间不能超过这一耐火极限时间。但其内部若大量使用可燃、易燃装修材料，如房间、走廊、门厅的吊顶、墙面等采用可燃材料，并铺设可燃地毯等，火灾时不仅着火快，而且还会产生大量有毒气体，所以在确定建筑可用疏散时间时，首先考虑的是火场上烟气中毒的问题。

目前，在建筑防火安全设计中，主要采用 ASET、CFAST、FDS 等软件通过输入确定性的参数计算危险参数，如烟气层高度、温度、辐射通量等随时间的变化，当危险参数达到一定的阈值即得到可用安全疏散时间。这种确定性的方法忽略了火源位置、火灾增长系数、水喷淋动作时间等参数的不确定性对结果的影响。

5.2.2 人员必需安全疏散时间

建筑内人员必需安全疏散时间，即保证大量人员安全地完全离开建筑的时间。当建筑发生火灾时，人员疏散行为过程可大体概括为两个主要阶段：疏散行动开始前的决策反应阶段和疏散行动开始后的人员疏散运动阶段。考虑到疏散设施不同，对普通建筑（包括大型公共民用建筑）来说，必需安全疏散时间是指人员离开建筑到达室外安全场所的时间；而对于高层建筑来说，则是指到达封闭楼梯间、防烟楼梯间、避难层的时间。一般来说时间较短，仅有几分钟。一般情况下，将人员必需安全疏散时间分为探测器报警时间、人员疏散预动作时间及人员疏散运动时间三个部分。

（1）探测器报警时间

火灾探测与报警系统是利用自动装置发现并通报火灾的一种主动式消防技术，通过在火灾早期、成长期发现并通报火灾来警示人们采取有效的措施，控制、扑灭火灾，同时警示人员启动疏散过程，火灾早期的有效探测可以为人员安全撤离火灾危险区域争取宝贵的可用安全疏散时间。在建筑防火安全设计和评估中，探测时间计算是一项重要内容。一般采用相关数学模型来计算探测时间。

建筑防火安全设计与评估中使用的感温探测器响应时间预测模型，通常以三点基本假设为前提条件：①忽略探测元件与周围环境的辐射和传导换热；②起火房间顶棚是水平的且顶棚面积对于烟气层扩散影响较小；③烟气羽流是轴对称羽流，那么烟气羽流与探测元件之间的换热过程可用微分方程描述。

$$mc_d \frac{dT_d}{dt} = h_c A (T_g - T_d) \qquad (5-1)$$

式中，m 为敏感元件的质量，kg；c_d 为敏感元件的热容，kJ/(kg·℃)；h_c 为对流换热系数，kW/(m²·℃)；A 为换热面积，m²；T_g 为热烟气温度，K；T_d 为敏感元件温度，K。

引入时间常数 τ 和响应时间常数 RTI，其定义如下：

$$\tau = \frac{mc_d}{h_c A}, \quad \text{RTI} = \tau u^{1/2} \qquad (5-2)$$

式中，u 为探测器敏感元件附近的烟气羽流速度，m/s。式(5-1) 的换热方程可以转换为：

$$\frac{\mathrm{d}T_\mathrm{d}}{\mathrm{d}t} = \frac{\sqrt{u}}{\mathrm{RTI}}(T_\mathrm{g} - T_\mathrm{d}) \tag{5-3}$$

一般采用火灾热释放速率按照时间幂指数增长的关系来描述非稳态火灾发展过程，如式(5-4) 所示：

$$Q = \alpha t^p \tag{5-4}$$

式中，Q 为热释放速率，kW；α 为火灾增长系数，$\mathrm{kW/s}^p$；t 为火灾的发展时间，s；p 为正指数。幂指数增长关系下火灾烟气温度和羽流速度的无量纲化函数关系式：

$$u_p^\cdot = \frac{u}{A^{1/(3+p)}\alpha^{1/(3+p)}H^{-(5-p)/(3+p)}} \tag{5-5}$$

$$u_p^\cdot = f\left(t_p^\cdot, \frac{R}{H}\right) \tag{5-6}$$

$$\Delta T_p^\cdot = \frac{\Delta T}{A^{2/(3+p)}(T_\mathrm{a}/g)\alpha^{1/(3+p)}H^{-(5-p)/(3+p)}} \tag{5-7}$$

$$\Delta T_p^\cdot = g\left(t_p^\cdot, \frac{R}{H}\right) \tag{5-8}$$

$$A = \frac{g}{c_p T_\mathrm{a}\rho_0} \tag{5-9}$$

$$t_p^\cdot = \frac{t}{A^{-1/(3+p)}\alpha^{-1/(3+p)}H^{4/(3+p)}} \tag{5-10}$$

式(5-5)～式(5-10) 中，$\Delta T = T_\mathrm{g} - T_\mathrm{a}$；$u_p^\cdot$、$\Delta T_p^\cdot$ 和 $t_p^\cdot$ 分别为无量纲速度、温度和时间；c_p 为空气的比热容，$\mathrm{kJ/(kg \cdot ℃)}$；T_a 为初始化环境温度，K；H 为顶棚高度，m；R 为探测器到羽流轴线的水平距离，m；g 为重力加速度，$\mathrm{m/s}^2$；ρ_0 为空气密度，$\mathrm{kg/m}^3$。$p = 2$ 时，即 t 平方火的情况下，$\Delta T_2^\cdot$ 和 $u_2^\cdot$ 的关系如下：

$$\Delta T_2^\cdot = \begin{cases} 0 & t_2^\cdot \leqslant t_{2\mathrm{f}}^\cdot \\ \left(\dfrac{t_2^\cdot - t_{2\mathrm{f}}^\cdot}{D}\right)^{4/3} & t_2^\cdot > t_{2\mathrm{f}}^\cdot \end{cases} \tag{5-11}$$

$$\frac{u_2^\cdot}{\Delta T_2^\cdot} = \begin{cases} 3.87 \div 9.115^{1/2} & R/H \leqslant 0.3 \\ 0.59 \times (R/H)^{-0.63} & R/H > 0.3 \end{cases} \tag{5-12}$$

式(5-11)、式(5-12) 中，$\dot{t}_{2f} = 0.831 \times (1 + R/H)$；$D = 0.126 + 0.210R/H$。需要指出的是，热过程仅考虑对流换热，因此火灾实际增长系数应为 $\alpha_c = L_v \alpha$，L_v 是对流热占总释放热的百分比（对流热分数），其取值为 $0.6 \sim 0.8$。将以上公式联立积分，可得到探测元件瞬时温升速率的解析解：

$$\frac{\mathrm{d}T_d(t)}{\mathrm{d}t} = \frac{4}{3} \times \frac{\Delta T}{\Delta \dot{T}_2} \Delta \dot{T}_2^{1/4} \frac{1 - \mathrm{e}^{-\gamma}}{(t/\dot{t}_2)D} \tag{5-13}$$

探测器温度随时间变化的解析解表示为：

$$\Delta T_d = T_d(t) - T_d(0) = \frac{\Delta T}{\Delta \dot{T}_2} \Delta \dot{T}_2 \left(1 - \frac{1 - \mathrm{e}^{-\gamma}}{\gamma}\right) \tag{5-14}$$

其中，$\gamma = \frac{3}{4} \sqrt{\frac{u}{\dot{u}_2}} \sqrt{\frac{\dot{u}_2}{(\Delta \dot{T}_2)^{1/2}}} \times \frac{\Delta \dot{T}_2}{\mathrm{RTI}} \times \frac{t}{\dot{t}_2} D$。

对于感烟探测器，从探测原理上可以分为离子型、光电型两种。相比于感温探测器，有关感烟探测器探测时间的预测模型还不够成熟，针对探测时间的不确定性研究更是鲜见。感烟探测器的探测时间主要包括两个部分，即延滞时间和混合时间。现有的探测时间预测方法有第一原理法和近似预测法。对于第一原理法，若要其相关方程能够准确求解，必须建立完善的烟气特性数据库，主要包括针对不同燃料建立相应的烟气粒子数浓度、质量浓度、减光率、光学密度、折射率等。这在目前有一定的困难，因此，当前在实际工程应用中主要仍然是采用近似预测法。工程应用上，感烟探测器响应时间的近似预测方法主要有以下三种：光密度法、临界速度法、特征温升法。尽管有关感烟探测器响应时间预测的第一原理法和近似方法均存在一定程度的缺陷，但仍然建议采用临界速度方法作为感烟探测器探测时间预测的模型。

当到达探测器位置时的烟气速度为定值时，由于防虫网和探测腔的设计以及探测器的气溶胶动力特性，会导致探测腔内外的光学密度有一定的差值，导致感烟探测器启动有一定时间的迟滞。式(5-15) 描述了感烟探测器响应时探测腔内外的烟气光学密度关系：

$$D_{ur} = D_{uo} + \frac{L}{u} \times \frac{\mathrm{d}D_u}{\mathrm{d}t} \left[1 - \exp\left(-D_{ur} \frac{u}{L} \times \frac{\mathrm{d}D_u}{\mathrm{d}t}\right)\right] \tag{5-15}$$

式中，D_{ur} 为感烟探测器响应时，探测腔外的烟气光学密度；D_{uo} 为感烟探测器响应时，探测腔内的烟气光学密度；D_u 为探测器腔外的烟气单位长度上的光学密度；L 为探测器的特征长度；u 为顶棚气流流经探测器时的速度。

由于式(5-15)中指数部分相对于其他项很小，可以忽略。故可以简化为：

$$D_{ur} = D_{uo} + \frac{L}{u} \times \frac{dD_u}{dt}$$

(5-16)

流经探测器附近的烟气速度可以采用离火源中心线处的最大烟气速度公式计算，这是根据实验结果得到的经验公式：

$$u = 0.59 A^{1/5} \alpha^{1/5} H^{1/5} (R/H)^{-0.63} \left[\frac{A^{1/5} \alpha^{1/5} H^{1/5} t - 0.954 \times (H+R)}{0.188H + 0.313R} \right]^{2/3}$$

(5-17)

式中，$A = \dfrac{g}{c_p T_\infty \rho_\infty}$；$\alpha$ 为火灾增长系数，kW/s^2；H 为顶棚高度，m；R 为距离火源中心线的径向距离，m。要计算探测器附近烟气速度达到某一临界值所需要的时间，可以将方程进行转换，得到烟气达到临界速度时对应时间的计算公式，即

$$t = \frac{u^{2/3}(R/H)^{0.945}}{0.59^{3/2} A^{1/2} \alpha^{1/2} H^{1/2}} \times (0.188H + 0.313R) + \frac{0.954 \times (H+R)}{A^{1/5} \alpha^{1/5} H^{1/5}}$$

(5-18)

除了烟气达到临界速度时间之外，感烟探测器的响应时间还应包括延滞时间和混合时间。延滞时间与顶棚射流的烟气流速减小、探测器入口处的屏风和阻网有关，混合时间长短与烟气探测腔的体积有关。当烟气流速范围在 $0.02 \sim 0.55m/s$ 内，这两个时间均与烟气流速呈负指数关系，即 $\Delta t = cu^{-k}$。其中，Δt 为探测器响应的延滞时间，s；c、k 为常系数，与燃料类型、烟气性质等有关。当烟气流速超过 $0.5m/s$ 时，混合时间近似为 0，两参数模型可以简化成单参数模型。感烟探测器探测时间为 $t_s = t + \Delta t$。

（2）人员疏散预动作时间

人员疏散预动作时间是指在疏散动作前准备工作所需要的时间。它包含了真实的疏散过程中的前期准备阶段，在疏散动作开始前人员进行识别火灾、决策、准备等行为过程所耗费的时间。其中人的生理及心理特点、火灾安全的教育背景和经验、当时的工作状态等因素，对人员疏散预动作时间有着重要影响。

考虑到人群的复杂性，一般情况下对人员疏散预动作时间进行简化考虑，采用理论上的概率分布函数进行描述，如通过正态分布、三角分布两种概率密

度函数。但是要进行较为准确的预估，就必须研究火灾环境下的人员行为，收集人员疏散预动作时间数据，对数据进行统计分析，给出疏散预动作时间概率分布函数。火灾人员行为是火灾学领域中一个重要研究方向。加拿大国家研究中心通过对教室、零售商店、会议室等公共场所安装视频摄像系统，开展实际疏散演习以及火灾过后的人员逃生录像获取数据，认为单峰、偏斜的对数正态分布或 Weibull 分布适合描述人员疏散预动作时间。

但是，由于人员疏散预动作时间与人员的心理行为特征、年龄、对建筑的熟悉程度、人员个体对信息反应的差异、人员群集特征等众多因素密切相关，对人员疏散预动作时间通常难以准确估计，也很难从理论上用统一的概率分布函数形式来表征。

在建筑防火设计与评估中，主要根据建筑的用途、建筑内的人员特性以及建筑内安装的火灾报警系统类型，将人员疏散预动作时间赋一常数值。根据统计数据和经验推荐的不同用途建筑采用不同火灾报警系统时的人员疏散预动作时间见表 5-1。

表 5-1　不同用途建筑采用不同火灾报警系统的人员疏散预动作时间

建筑用途	建筑内人员特性	不同报警系统类型的预动作时间/min		
		W_1[①]	W_2[②]	W_3[③]
办公楼、商业、厂房、学校	建筑内的人员处于清醒状态，熟悉建筑、报警系统和疏散措施	<1	3	>4
商店、展览馆、博物馆、休闲中心等	建筑内的人员处于清醒状态，不熟悉建筑、报警系统和疏散措施	<2	3	>6
住宅或寄宿学校	建筑内的人员可能处于睡眠状态，熟悉建筑、报警系统和疏散通道	<2	4	>5
旅馆或公寓	建筑内的人员可能处于睡眠状态，不熟悉建筑、报警系统和疏散通道	<2	4	>6
医院、疗养院及其他社会公共福利设施	有相当数量的人员需要帮助	<3	5	>6

① W_1 为现场广播，来自闭路电视系统的消防控制室。
② W_2 为事先录制好的声音广播系统。
③ W_3 为采用警铃、警笛或其他类型报警装置的报警系统。

（3）人员疏散运动时间

人员疏散运动时间是指人们从建筑内撤离至安全区的行走时间，取决于建筑内部布置、人流拥挤程度及人员的行动能力，可根据经验公式计算，需要针对不同场所应用不同的经验公式。

设想人察觉火灾后会按照自己选定的疏散路线向室外开始疏散行动，计算人从当前位置到达出口处的穿行时间为：

$$t_1 = \frac{D}{V} \tag{5-19}$$

式中，D 为最大疏散距离，m；V 为人的步行速度，m/s。由于出口宽度的限制，单位时间能通行的最大人员数量是一定的，疏散流出需要一个等待过程，出口处等待时间可以计算为：

$$t_q = \frac{N_a}{Wf} \tag{5-20}$$

式中，f 为通过疏散出口的单位流量，人/(m·s)；W 为出口宽度，m；N_a 为疏散总人数，人。疏散运动时间是人员穿行时间和出口处等待时间之和：

$$t_{move} = \frac{D}{V} + \frac{N_a}{Wf} \tag{5-21}$$

最大疏散距离的计算可分段进行。例如，在一般居住及公共建筑中可将疏散的全程分为在房间内、在走道上和在楼梯间内等三段来计算，即

$$t = t_1 + \frac{L_1}{V_1} + \frac{L_2}{V_2} \tag{5-22}$$

式中，t 为建筑内总的疏散时间，min；t_1 为自房间内最远点到房间门的疏散时间；据统计，人数少时可采用 0.25min，人数多时可采用 0.7min；L_1 为从房门到出口或到楼梯间的走道长度，m；位于两个楼梯之间的走道长度，由于考虑其中一个楼梯间入口被火堵住，走道应按全长计算；L_2 为楼梯长度，m；V_1 为人群在走道上疏散的速度，m/min，人员密集时可采用 22m/min；V_2 为人群下楼时的疏散速度，m/min，可采用 15m/min。

据调查统计，一般熟悉建筑内部情况的健康成年人正常疏散移动速度为 1.2～1.5m/s，老人、重病人等为 0.8m/s 左右。但是，由于火灾情况下疏散的过程非常复杂，除了考虑人员移动速度外，还与不同建筑人员拥挤程度以及心理状态、消防教育、训练、建筑的照明、疏散诱导策略等有关，所以上述计算一般只作为理论参考。

5.3 火场人员心理特点

火场环境极其复杂恶劣，会对人员产生巨大的心理负担，例如浓烟、高温等会造成恐慌，人员在面对这种环境下的心理状态将直接影响疏散逃生的顺利进行。

5.3.1 心理与行为

心理是人的感觉、知觉、注意、记忆、思维、情感、意志、性格、意识倾向等心理现象的总称。人的心理与行为相互作用、相互影响。心理现象和行为由刺激、人体和反应构成，刺激是人体所能接收的信息，源于人体内部和外界的各种环境因素，如图 5-4 所示。人体的神经系统是心理现象的物质基础，人的一切心理和意识活动也是通过神经系统的活动来实现的，刺激与行为的关系如图 5-5 所示。行为的基本模式如图 5-6 所示。

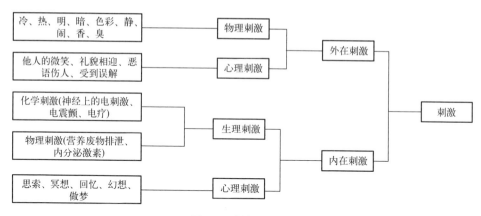

图 5-4 刺激分析图

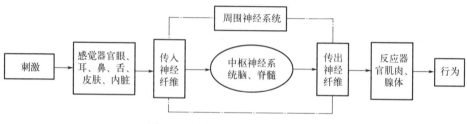

图 5-5 刺激与行为的关系示意图

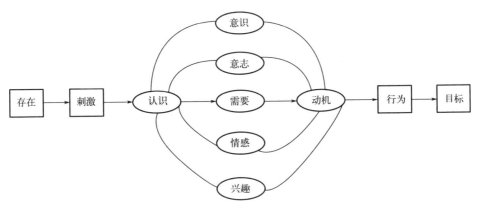

图 5-6　行为的基本模式

　　人的需要得到满足以后，又会进入新的循环，因为不断有新的刺激作用于人，故满足人的需要是相对的、暂时的。行为和需要的共同作用将推动社会的发展和环境的改变。行为科学认为，人的行为是由动机支配的。人的行为是动机的结果，是目标的手段。一般情况下，动机、行为、目标三者具有一致的指向，即使过程中发生偏移，系统会通过反馈自动调整修正心理与行为系统。行为是在需要和动机的驱使及外部条件的刺激和影响下，经过自身内部经验的判断而产生的反应活动。

　　在日常生活中，人的行为遵从"心理-行为"模式，按照正常的模式行动。而在非正常状态下，比如突发火灾场景，人所受到的刺激是强烈的，出于强烈的求生欲望和期待快速逃离火场的紧张心情，应激的负性情绪反应对个体心理功能和行为活动产生交互影响，使人的认知能力和自我意识变得狭窄，表现为注意力难以集中、判断能力和社会适应能力下降，从而容易出现异常行为。

　　发生火灾时，建筑内的人员要有一定的可利用时间用于安全疏散，才有可能避免处于危险的状态。只有认识火灾事故中人所表现出来的心理行为规律（分为人自身的作用和人与人之间交互作用的不同特性，即个体与群体的不同特性），才能了解到集约于有限时间的火灾危险状态下人的行为表现，以应用于实际，进行有针对性的消防知识宣传培训和制定相应的疏散引导方案，从而在现实中确保人员安全疏散。根据人的"心理-行为"模式，可以知道作为强烈刺激源的火灾激化了在该场景下人求生的原始本能，以此为动机和目标的行为导出模式必然使人出现不同的心理反应和行为表现。

5.3.2 火场个体心理特点

火灾作为一种突发性灾难，会引起人的应激心理反应。火灾状态下，需要人迅速地判断情况，在一瞬间做出决定，会惊动整个有机体，使有机体的激活水平、心率、血压、肌紧度发生显著改变，引起情绪的高度应激化和促使行为的积极性。在这种情况下，认识狭窄会使个体出现很难符合目标的行动，易做出不适当的反应。长时间地处于应激状态，对人有不利的影响，甚至是很危险的。火灾中人的心理反应主要有惊慌、恐惧、绝望、侥幸及判断失误等。

（1）惊慌

火灾中的惊慌是指火灾中的人们接受异常灾难刺激表现出的焦虑状态或行为状态，这种焦虑和行为往往不能自控。在火灾这种极度难忍、充满恐怖的环境中引起的应激心理反应和生理反应会导致瞬时间人对环境的适应能力和应对能力下降，若这种应激状态持续下去，处于火灾中的人对环境的判断力和分析力持续下降，更甚者丧失理智，从而影响逃生，甚至造成严重的后果。

在惊慌心态的支配下，往往会导致抢夺疏散通道、安全出口的现象，造成疏散通道堵塞，人员拥挤，从而加重人员的伤亡。

（2）恐惧

火场逃生人员的恐惧多来自其不能迅速适应变化的环境所产生的一种"害怕"的心理反应，其主要的表现形式为心慌、害怕、言行错乱和意志力下降等。在这种心理状态下，人容易出现非理性行为。火灾时报警的人言语含混不清，无法说清起火地点的现场情况，仅仅重复若干简单的词句。例如某酒店发生火灾后，11位遇难者的尸体蜷缩在墙角处、厕所内、床下等部位，该酒店才6层，自制安全绳或其他办法均能安全逃生，但还有人心理恐惧，错误地选择了躲避，结果遇难。

（3）绝望

绝望心理是指主观愿望和客观事实相差很大，难以实现的心理反应。一般来说，个体在长时间的应激状态下容易产生绝望心理，在火灾中一般表现为跳楼、待毙等。如某宾馆火灾死亡 31 人，其中有 5 人死于跳楼，一位幸存者说当时脑子一片空白，眼睛一闭就跳楼了，幸亏楼下一堆垃圾救了她的命。

（4）侥幸

侥幸心理是人们经常出现的一种心态。面临灾祸之际，还漫不经心，轻信事情不会那么严重或抱着车到山前必有路的态度，而非冷静沉着地采取措施，侥幸心理是妨碍正确判定的大敌。火场中人们必须首先排除这种心态，勿让其干扰理智的思维和正确的判定。

（5）判断失误

由于浓烟、热气流和毒气弥漫及火场的燃烧，个体丧失了对日常环境的依赖性，严重影响了个体的记忆力、判断力和分析能力，使个体产生许多异常行为，包括判断失误。判断失误是指人们处在火场环境，在外界条件的影响下失去正常的分析、判断能力的一种心理状态，其将导致非理性的错误行动，如跳楼以及乱跑乱窜、不听劝阻等。造成判断失误主要是由于高温和烟气的作用，人处在高温环境中，先是口干舌燥、软弱无力、痛苦煎熬，同时思维活动受到强烈干扰、减慢，进而眩晕心乱，直到昏迷休克猝然倒下。

在一般火灾中，人们处在缺氧和 CO、HCl、HCN 等大量毒性气体存在的火场环境中时，因毒气吸入可使人发生嗅觉刺激、呼吸困难、视线模糊、内脏损伤和脑神经系统等生理障碍，进而导致思维不清、行为错乱和心乱目眩，直到昏愦或中毒窒息死亡，尤其是初期吸入 CO 可使人出现欣快效应（呼吸和心跳加快），导致人出现非理性行动，造成判断失误。

5.3.3　火场群体心理特点

（1）助长

助长是指个体在与其他人一起避难逃生时，有助于减少恐惧，增加信心，更好地在现有条件下逃生，也可称为社会助长作用。曾有人做过一个实验，将被试者安排在由管道导入烟气的房间内，当安排单独一人时，75%的人在特定环境中只能忍耐4min；若安排两个不相识的人在一起时，则有90%的人在4min内仍留在原地，在咳嗽的同时共同扑打烟雾，与烟雾做斗争。社会助长是一种心理，并非工作能力，是因别人在场时增加压力，由情绪转为动机，因动机加强而格外努力，从而表现出较佳的成绩。

（2）传递

传递是指情感或行为从一群人中的个体蔓延到其他个体，可分两种：情绪传递和行为传递。情绪传递具有反馈放大作用，当个体的情绪在他人中引起了同样的情绪过程，反馈回来又加剧了个体的情绪，就造成了情绪传递的高潮，这种情况常见于火灾中惊慌情绪的传递。行为传递则是从某一个体行为传递至其他个体的一种模仿行为。

（3）从众

从众是源于人们普遍具有人多壮胆、人多有依靠、安全感增强的心理，因而聚集、随大流的向群性是在突发事件情况下最容易发生的习惯倾向。旅馆、饭店的旅客在突发火灾的情况下形成的群体，本来就是互无联系，但在混乱之时凑在一起，虽不相互认识，却都认为是可以相互依赖的人。这种在无任何指令或暗示的举动下形成的自然集结气氛往往越变越强。但由于这样形成的群体，每个人都存在着惶惶不安和盲目性，所以一般情况下容易盲目地按照错误信息或指令导向走向更危险的境地。

（4）模仿

模仿就是学着别人的表现和行为，包括观察和仿效两种成分。在人受到火势围困的情况下，第一个人的心理表现和行为对其他人起着重要作用，尤其在人们的心目中比较有权威有信赖程度的人，他的心理表现和行为立即会成为其他人活动的榜样。如某饭店火灾，当时在房间内有6名服务员，其中1名服务员从11楼的窗口跳到10楼开启的窗口上，另5名服务员也仿效，但未能成功，最终从11楼掉落。日本有位心理学家做了一个试验，让3个人排成纵队，在他们面前突然出现一危险物，让两人按规定的方向跑，结果是：前面两人向右转，第三人也向右转；前面两人向左转，第三人也向左转。

5.4　火场人员疏散行为

在火灾情况下，人的疏散行为一般表现在选择自己熟悉的安全出口进行疏散。人员在疏散时，如果路线长度相当，选择自己熟悉的路线的概率较大，约为选择任意疏散路线人数的两倍。经过消防疏散演练，火灾中对疏散信息掌握较多的情况下，疏散反应较快。服药或饮酒的人员在火灾情况下疏散反应较慢。疏散过程中建筑内人员一般会出现从众行为、聚集行为、恐慌行为、行动选择行为、行动时的偏向性行为等，也会出现一些比如相互挤压、自组织、堵塞、密度波、快即是慢等行人流动时的一些行为现象。

5.4.1　从众行为

所谓从众，就是在群体的影响和压力下，个体放弃自己的意见而采取与大多数人相一致的行为，即通常所说的"人云亦云""随大流"。从众是日常生活和工作中常见的社会心理和行为现象，当个人的观点与其他人不同时，即使是对的，往往也觉得不妥，愿意放弃自己的意见而跟随其他人的观点。有的人对"从众"持否定态度，其实它具有两重性。消极的一面是抑制个性发展，扼杀创造力，使人变得无主见。但也有积极的一面，即有助于学习他人的智慧经验，克服固执己见、盲目自信，修正自己的思维方式等。

在人员疏散过程中，从众现象是很常见的，当处于火灾现场时，能见度非常低，即使是长期居住的环境有时也分辨不清疏散通道。火场中的人们由于不安和恐慌更容易受周围人的影响，更愿意靠近人群，他们更愿意跟随前面的人或大多数人，其逃生行为与平时的运动习惯甚至疏散演习有较大差别。从众心理除了存在个体差异外，还与外界条件有关，如火势严重时，从众心理往往会增强。人员在紧急疏散的时候，人群有回避危险、愿意靠近人群的特征，表现为在火灾中建筑内的人员集中到一个房间，尤其是通风良好的有阳台的房间。此外，在疏散过程中人员往往也是成群疏散，出现小群体现象。聚集的人群可以起到减轻紧张和焦虑的功能。在从众时，家庭成员最有可能在一起，而且对他们来说群体的疏散利益大于他们个人的疏散利益。

疏散中的从众心理可以分为距离性从众和方向性从众。距离性从众是指尽量和周围人员聚集到一起，而运动方向并不一定要保持一致。在疏散过程中有时会出现小规模的人员聚集现象，即一些相互熟悉的人员或亲人在疏散过程中会先聚到一起，然后再一起进行疏散；有时也会出现大规模的人员聚集现象，即产生群体恐慌的时候，建筑单元内几乎所有的人员都聚集到一起。而方向性从众是指与周围大多数人的运动方向保持一致，而并不力求和他们聚集到一起。在疏散过程中，人们常常觉得跟随周围人员的运动方向就能找到出口。

疏散中的从众行为固然降低了疏散效率，容易造成拥堵等问题，但它并不总是有害的，人员的方向性从众可以起到信息传递的作用，减少了后面人员寻找疏散路径和出口的时间，使得行人流呈现出一种有序状态，对疏散效率的提高、缩短疏散时间起到积极作用。而距离性从众往往导致人员在疏散路径上的聚集和堵塞，造成出口使用不平衡、利用率降低，从而导致疏散效率降低并延长疏散时间。

5.4.2　小群体或聚集行为

人的社会性使得每个人都不能脱离社会而独立存在。作为集体活动的个体，人的行为都与其周围人息息相关，所以很多社会活动的开展都涉及群体行为，也包括行人的运动行为。社会心理学认为：在由几个人组成的群体中，内部成员之间具有某种内在的联系，这样的一个群体可以被称为小群体，如以家庭关系为纽带的小群体、朋友群体、同事群体等。不管是在正常行走还是在紧急疏散情况下，这些小群体都具有一个共同点，群体内部成员之间的运动具有高度的相似性、采取互助的方式、选择相似的行走路线、选择相同的疏散出口等，并且在运动过程中能够保持一定的凝聚性。

和单个行人运动相比，行人成组行走会降低运动速度。同一群组内，群组成员间的速度、迈步频率、偏向角度有高度的相似性；性别对两人组运动速度的影响较小，而对两人组的运动频率影响比较明显，正好和单个行人的情况相反；尽管情侣组和普通朋友组的人员构成相同，但是社会关系的不同造成他们之间较大的人际距离的差异、迈步频率的差异及速度的差异。

群体主要有以下现象：①"情绪感染"现象。人群聚集时，密度变大，个体人员会受到周围人员不良情绪的影响并迅速在群体中蔓延，致使群体失去控制。如在紧急情况下听到有大声惊叫或哭声，都会使身边的人的情绪变为消极，进而传染至整个群体。②"踩踏"现象。个体人员在遇到突发情况时，会失去正确的判断，会引发集群的能量不恰当释放，造成群体内部破坏，发生踩踏，如某景点因人员在狭窄地段高度聚集导致发生踩踏事故。③"应激"现象。群体在遭受突发情况后，个体会产生恐慌，以致采取非理性的致命逃生行为。如高层建筑火灾时，会有人员从窗户跳出。④"相向通道"现象。火灾等突发事件发生后，经过初期人员无序跑动后，会形成人流向相同方向逃离，人群达到有序的稳定状态，这是群体内部的自我调整。⑤"瓶颈拱形"现象。发生突发事件后，群体集中向建筑门口疏散逃离，人流量大于门能够允许的通行流量，就会出现人流的堆积，会形成一个拱形区域，使得人员无法顺利疏散。

5.4.3　恐慌行为

恐慌行为是指疏散群体在疏散过程中表现出来的焦虑状态以及特殊行为模式。作为一种特殊的群体行为，在人员密集的公共场所，例如演唱会、体育赛事活动现场等，人们为了抢占好位置或其他原因也会导致恐慌行为。恐慌状态下人员的逃窜、惊跑是最具有危险性的群集行为之一，这通常会引发人群中的踩踏、挤压等伤亡事故。面对火灾等紧急情况，人员可能会产生恐慌心理，目前恐慌行为的研究基本是从心理学的角度来进行的。

由于恐慌状态下疏散场面的混乱性和人员行为的复杂性，恐慌情况下人员行为的研究具有一定的难度。根据对火灾事故中恐慌行为现象（主要是视频资料）的观察，疏散过程中的恐慌行为具有以下特点：①恐慌行人的行进速度或期望行进速度比正常情况下明显增加，个体的移动速度加快；②单个行人跌倒会阻碍人群的整体疏散，成为疏散的障碍物，降低人群的疏散速度；③出口处或通过障碍物时，人与人之间的行为变得不协调，会产生拱形或阻塞现象；④行人往往会因为紧张甚至失去理性而采取一些盲目行为，如盲目跟随人群运动而不进行自己的判断，导致有些逃生出口被忽略，进而导致整体疏散效率的降低；⑤法规与道德已经无法约束人群的行为，某些个体甚至呈现出一种近乎疯狂的行为，人们开始推挤，人与人之间的物理作用和身体接触大大增加；⑥在出口处若发生堵塞，人群形成一个拱形，人与人之间的相互作用力也会逐渐增强，甚至能产生 4500Pa 的压力，这样的压力足以将钢栅栏挤歪、将墙推倒。

5.4.4 行人流及自组织行为

行人流是将行人看成连续空间内的流体，在相当多的行人一起运动过程中形成的与液体流动相类似的结构或形状。自组织是行人之间简单重复形成的复杂自适应群体模式。自组织行为使行人流在移动中不按照一定规则或惯例等外部条件形成组织好的模式，而是通过个体之间的非线性作用形成的特殊方式运动。行人流中典型的自组织行为一般包括分层、带状条纹、瓶颈处的震荡等。

（1）分层现象

日常生活中，我们很容易观察到相向行人流中形成的分层现象，尽管每层的人数不一定是相等的，但是同一层里的行人运动方向是一致的。这种分离现象是行人为了降低与对向行人之间的强作用而自发形成的，即减少摩擦作用及能量消耗，从而有利于相向运动。该现象不需要行人之间的交流或者有意行为，处于相向行人流中的大部分人甚至没有意识到这种现象的产生。

另外，分层现象也不依赖于行人的左行或者右行偏好，这种偏好只会影响分层的类型及有序度。值得注意的是，分层的形状会随着时间的变化而变化，形成的层数会受到进出行人数量、通道长度和宽度、行人流扰动及波动的影响。

（2）带状条纹现象

带状条纹现象常见于交叉行人流中，如图 5-7 所示。两股行人流可相互穿透，而不需要行人停止运动，形成的条纹类似分层，但不会保持静止不动。实际上，这些条纹可看成是密度波，既往交叉行人流运动方向矢量和的方向运动，又往垂直运动方向侧向延伸，因此，行人既随着条纹向前运动，又在条纹中侧向运动。条纹的宽度依行人数量而变。和分层现象一样，这种自组织现象有助于减少行人之间的强作用，提高行人运动速度。

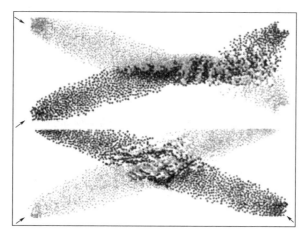

图 5-7 带状条纹现象

（3）瓶颈处的振荡现象

当双向行人流通过瓶颈时，行人流运动方向常常会出现振荡变化。如在超市或者博物馆的入口处，一旦一个行人可通过入口时，同一方向的其他行人就会跟随通过，这样，另外一个方向的行人需要等待，而且人数逐渐增多，聚集在入口处。结果，前者的行人流运动就会被暂停，从而形成后者运动方向的行人流。这个过程会重复发生，引起瓶颈处的振荡现象。

疏散过程中人员之间行动互相传递是人员疏散过程中的一个重要特征，疏散过程中的任何扰动都会以波的形式在行人中传递，当然在人员密度较低的情况下传递具有局部性，而在人员密度较大时会形成连续的大面积的影响以及连续的扰动波向周围扩散，而个体之间的差异或者遇到其他影响，比如障碍物的出现，会形成新的不同的波，进而形成一定的冲撞和混乱。

5.4.5 其他常见行为特征

（1）右行偏好

在很多国家，人们习惯于靠走道的右侧行走。这是人类在日常生活中的诸多非对称行为的表现之一。非对称行为的实例还有很多，比如新生儿把头转向右侧的次数远远高于左侧，人群中习惯用右脚、右耳或右眼的人数和习惯用左侧相应肢体的比例为 2：1。人流中的这种选择行为称为"右行偏好"。右行偏好使得中间道路的利用率相对降低，但同时也避免了大部分相向行人之间的摩擦。

（2）返回行为

在多数火灾中，有些人员的行为反应是转回去和再进入，这种返回行为的原因可能有抢救个人财产、通知或帮助其他人、寻找亲人或协助灭火等。通常情况下，返回行为是可以理解的，如当孩子在火灾中失踪时父母常有再进入行为，但其会带来负面影响，妨碍建筑中其他人员的疏散。与返回行为类似的还有等待，它们不仅延长了自身的疏散时间，而且影响了其他人的疏散，严重扰乱疏散秩序，大大降低疏散效率。

5.5　建筑火灾人员疏散影响因素

在火灾疏散过程中，人员的不同行为模式直接影响人员疏散到安全区域所需的时间，疏散除与建筑的本身结构和使用性质有关之外，还与所在建筑中人的应急反应和对建筑的熟悉程度等因素有关。影响疏散的人的应急反应和对建筑的熟悉程度主要有：年龄、性别、身体健康状况、对安全出口疏散通道熟悉程度、当时大脑是否处于清醒状态、消防受教育程度、是否用药饮酒、火场获得有效信息和疏散经验等。

5.5.1　人的个体因素

在疏散过程中影响人员的疏散行为的个体因素主要体现在人员的心理、生理、认知能力、社会关系、受教育程度等，它们都是引起人员疏散过程中各种行为的重要因素。

（1）心理因素

心理因素主要是指紧急疏散过程中人员心理变化情况，紧急疏散时人的心理变化与人的心理素质的高低有关，心理素质高则心理变化小、紧张情绪就小，反之就会出现较为严重的紧张情绪。在典型的惊慌逃生中，心理因素是踩踏事件发生的重要诱因。而且，由心理因素引起的恐慌还会带来反社会或非理性的逃生行为，引起人群堵塞，出现严重的、危及生命的拥挤等。由于恐慌引起的人群灾难事故经常发生。当处在火场特殊的环境中，在火焰、浓烟、毒气的刺激下，人将会产生特殊的心理，如产生急躁、易怒、情绪易失控等状况，如逆反心理、归巢心理、向地心理、从众心理、趋光心理、向隅心理、超越心理、沿墙心理、重返心理等。因此在突遇火灾时，具备良好的心理素质，消除非理性心理和错误行为，进而提高群体和个人抵御火灾的能力和自救能力十分重要。

（2）生理条件

人员的生理条件反映的是人员个体的物理身体条件对疏散的影响，主要是人员个体的身体差异造成的，比如年龄、性别、健康状况等条件差异，不同的人员的行动速度不同。同时，身体条件和状态也会影响人员疏散过程中的运动状况，比如老年人由于体力不同，他们的运动速度有显著的个体差异。人的生理条件与环境也有一定的关系。声光刺激对应急疏散下人员反应速率及反应倾向性影响显著，会引起生理数据波动，还会使人员产生紧张、恐慌情绪，加重人员的从众行为。以人员生理条件为例说明他们对速度的影响，如表 5-2 所示的一些行人的行走速度的参考值。不同的人，在不同的行走条件下行走速度是不同的，尤其是对于老年人和儿童而言，在紧急疏散过程中速度变化会很大，不确定性更大。

表 5-2　人员不同状态下的行走速度　　　　单位：m/s

行走状态	男人	女人	儿童或老年人
紧急状态、水平行走	1.35	0.98	0.65
紧急状态、由上向下	1.06	0.77	0.4
正常状态、水平行走	1.04	0.75	0.5
正常状态、由上向下	0.4	0.3	0.2

年龄对人的行为的影响主要体现在人感知危险及行动能力方面。随着年龄的增长，经验和知识不断积累，对火灾感知、决策、行动时间会有所不同。年龄对疏散行为的影响还表现在行动速度上，18～60 岁的人的运动速度明显高于 60 岁以上的老年人，18～30 岁的人群有过激行为的倾向，13～34 岁的人安

全逃生的概率最高，12 岁以下儿童的行走速度要小一些，而小于 5 岁和大于 65 岁的人在火灾中安全逃生的概率最低。

性别不同在火灾疏散中的反应也不同，火灾中女性一般表现为意识狭窄、认知能力下降，更趋向于采取调查线索、通知别人等行为，相比男性更易产生焦虑、恐惧和紧张，更容易导致不可控制的情况爆发，而男性能够保持自制、冷静，更趋向灭火、搜寻及营救。由于身体结构的不同，疏散速度也存在差异，通常情况下男性的步长更大、步频更高。身体状况直接影响其反应、认知及决策能力，同时身高、体重、锻炼情况对疏散运动也起着至关重要的作用。如残疾人与正常人相比，在肢体、视力、听力、智力或精神等方面存在不足，对疏散标志、危险信息、路线识别的能力不强，认知、决策能力、行为的有效性和敏捷度都较低，从而导致事故伤亡增加。

（3）认知能力

人员的认知能力反映人员对陌生环境的熟悉速度，反映人员对环境的感知能力。一般来说人员到陌生建筑环境中会第一时间去熟悉周边的环境，关注自身所在位置。有的人员可以在陌生环境中快速熟悉环境状况，掌握自己在环境中所处的位置。当然也有的人员可能需要多次重复到该位置才能记住这些环境状况和位置。认知能力越高，对于环境的熟悉程度会越高，越有利于疏散。

另外，个体认知水平和社会特质是缓解个体在灾难突发时生理和心理趋于日常轨道的主要因素，而且会产生适应性行为。如知识素质较高、担任一定社会角色的受灾者会在灾难突发时采取提供帮助的利他行为或指挥他人的领袖行为，从而减轻火灾疏散的难度，缩短疏散时间。

认知水平程度不同，其应用的范围也不相同。认知水平较高的人员在日常过程中存在自我提高过程，如接受过消防培训的人员会对自身活动周围的环境给予关注，从而在火灾发生时在路线选择、改变中保持相对的正确性；再如干部的认知水平在火灾中会被应用到现场利他行为或领袖行为中，从而使从众心理的盲从者走到正确的路线上来，形成良好的适应性行为。

5.5.2 疏散环境因素

如果将疏散过程中影响人员疏散行为的个体因素称为"内因"，那么与之对应的疏散环境因素就可以称为"外因"，包括疏散现场的烟气层高度、热辐射、热对流、毒性、能见度、人流密度等因素。

（1）烟气层高度

火灾中的烟气层伴有一定热量、胶质物、固体颗粒及毒性分解物等，是影响人员疏散行动和救援行动的主要障碍。在人员疏散过程中，烟气层只有保持在疏散人群头部以上一定高度，才能使人在疏散时不会受到烟气流热辐射的威胁，还能避免从烟气中穿过。对于大空间建筑，其定量判据之一是烟气层高度应能在人员疏散过程中满足下列关系：

$$H_S \geqslant H_C = H_p + 0.1 H_B \tag{5-23}$$

式中，H_S 为烟气层高度；H_p 为人员平均高度；H_B 为建筑内部高度；H_C 为危险临界高度。

（2）热辐射

热辐射是促使建筑室内火灾及建筑之间火灾蔓延的重要形式。人体对辐射热忍耐的实验结果见表 5-3。根据测试研究数据，人体对烟气层等火灾环境下的辐射热忍耐极限为 $2.5 kW/m^2$，此时的烟气层温度大致在 $180 \sim 200℃$。

表 5-3　人体对辐射热的忍耐极限

辐射热强度/(kW/m^2)	<2.5	2.5	10
忍耐时间/s	>300	30	4

接受的辐射热通量达到 $20 kW/m^2$ 是着火房间达到轰燃的标志之一。通风排烟可以降低地面的辐射热通量，来防止轰燃。

（3）热对流

一般来说，建筑火灾过程中，通风孔洞面积越大，热对流的速度越快；通风孔洞所处位置越高，热对流速度越快。热对流对初起火灾的发展起重要作用。有关实验表明，人体呼吸或接触过热的空气会导致热冲击和皮肤烧伤。空气中的水分含量对这两种危害都有显著影响，见表 5-4。对于大多数建筑环境而言，人体承受 $100℃$ 环境的热对流仅能维持很短的一段时间。

表5-4　人体对热气的忍耐极限

温度与湿度	<60℃,水分饱和	<60℃,水分含量<1%	<100℃,水分含量<1%
忍耐时间/min	>30	12	1

同时，建筑室内一旦发生火灾，如果通风条件良好且燃料充足，则有可能发生轰燃。由于轰燃所产生的烟气蔓延迅速且迅速升温，伴随大量的烟气往室外空间扩散，整个室内的大部分范围可能在极短的时间内被火灾所致的浓烟笼罩，严重影响建筑室内人员的安全疏散，极易造成群死群伤。并且，轰燃发生后，在高温、强热辐射、火灾快速蔓延的作用下，极易导致建筑坍塌。

（4）毒性

火灾中的燃烧产物及其浓度因燃烧物的不同而有所区别。各组分的热分解产物生成量及其分布也比较复杂，不同的组分对人体的毒性影响也有较大差异，在消防安全分析预测中很难较为准确地定量描述。因此，在实际工程应用中，通常采用一种有效而简化的处理方法，即若烟气中的减光度不大于 $0.1m^{-1}$，则视为各种毒性产物的浓度在30min内将不会达到人体的忍受极限。

统计结果表明，火灾中2/3以上的遇难者是受烟气的影响。燃烧产生的有毒物质对人员危害程度 Y 的表达式：

$$Y = A + B\ln(c^n t) \tag{5-24}$$

式中，A、B、n 为毒性常数；c 为毒物浓度，mg/kg；t 为接触时间，min。

（5）能见度

通常情况下，火灾中烟气浓度越高则可视度就越低，疏散或逃生时人员确定疏散或逃生途径和做出行动决定所需的时间就会越长。表5-5给出了适用于小空间和大空间的最低减光度。大空间内为了确定疏散或逃生方向需要视线更好，看得更远，则要求减光度更低。

表5-5　适用于小空间和大空间的最低减光度

位置	小空间(5m)	大空间(10m)
与可视度等值的减光度/m^{-1}	0.2	0.1

（6）人流密度

发生火灾时，人流密度是影响人员安全疏散行为和过程的一个至关重要的因素。根据疏散人流密度的不同，人员疏散流动状态可概括为两种状态：离散状态和连续状态。

离散状态，即疏散人流密度较小（<0.5 人$/m^2$），个人行为特点占主导作用的流动状态，人与人之间的互相约束和影响较小，疏散人员可以根据自己的状态和火灾物理状态主动地对自己的疏散行为及行动路线、行动速度和目标等物理过程进行调整，人员疏散行动呈现很大的随机性和主动性。离散状态常常发生或出现在整个建筑疏散行动的初始阶段，并在最后阶段占主导地位，将对整个建筑的安全疏散起到一定的制约作用。连续状态，即约束规则占主导作用（$0.5\sim3.8$ 人$/m^2$）的流动状态。因为人流密度较大，人与人之间的间距非常小，疏散人员呈现"群集"的特征。除个别比较有影响力和权威的人士之外，个人的行为特征对整个人员流动状态的影响可以忽略不计，整个疏散行动呈现连续流动状态，群集人员连续不断地向目标出口移动。

如图 5-8 所示，若将向目标出口方向连续行进的群集称作群集流，在群集流中取一基准点，则向该点流入的群集称为集结群集，单位时间集结群集人流中的总人数称为集结群集 F_1。自基准点流出的群集称为流出群集，单位时间流出群集人流中的总人数称为流出群集 F_2。当集结群集 F_1 与流出群集 F_2 相等（$F_1=F_2$）时，称为定常流，此时流动稳定而不会出现混乱；当集结群集人数大于流出群集人数（$F_1>F_2$）时，将有一部分人员在基准点处滞留，在该点处滞留的人群称为滞留群集。

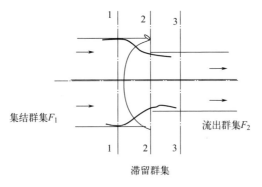

图 5-8　人员群集流动过程

一般来说，滞留群集出现在容易造成流动速度突然下降的空间断面收缩处或转向突变处，如出口、楼梯口等。如果滞留持续时间较长，则滞留人员可能争相夺路而出现混乱现象。空间断面收缩处，除了正面的人流外，往往有许多人从两侧挤入，阻碍正面流动，使群集密度进一步增加，形成拱形的人群，谁也无法通过。滞留群集和成拱现象会使人员流动速度和出口流动能力下降，造成人员从建筑空间完成安全疏散所需的行动时间出现迟滞现象，最终导致群集伤害事故的发生。许多重大恶性火灾事故调查案例表明，火灾中之所以造成群死群伤，大多是由于火灾时人员疏散、逃生拥挤，堵塞疏散通道或安全出口等缘故。

5.5.3 建筑结构因素

建筑结构及其内部设施也是影响人员疏散的主要外因。这些因素主要是指可能影响人员疏散，与人员疏散具有一定关联性的建筑结构、设施等。建筑结构因素包括建筑的空间几何形状、建筑功能布局等，例如疏散通道、疏散楼梯、安全出口、疏散出口、建筑的高度、空间形状等。相关设施包括疏散场所的应急疏散设施、辅助疏散设施等，例如疏散门、防排烟设施、疏散照明设施、疏散指示标识、疏散警报等，当然也包括建筑类型、防火等级等。

（1）疏散结构

在火灾起始阶段发现后报警并采取一些措施遏制火灾蔓延趋势，能为人员提供更多疏散时间，这是疏散结构的主要功能。常见的疏散结构有：①听视觉指示系统。火灾发生时会产生大量浓烟，人员视觉会受到严重影响，不利于人员安全疏散。通过听视觉指示系统，通知人员火灾发生位置、逃生方向，帮助指挥人员组织疏散，稳定人员情绪，提升人员疏散的可靠程度。英国利兹大学的研究表明，通过声音指示，可以缩短 2/3 以上的疏散时间。②通风排烟系统。通风排烟系统能在火灾初始阶段控制烟气扩散，防止有毒烟气对人的伤害，降低环境内能见度下降速率，增加安全疏散可用时间。③自动报警系统。通过自动报警系统，在火灾早期发出警报，缩短报警时间，提高疏散的安全性。④自动灭火系统。自动灭火系统不仅可以扑灭初期火灾，并且适用于再扩散阶段，能够降低室内温度，抑制火灾扩散速度。⑤救生器材。火场内人员可利用救生器材进行自救和疏散，能够快速疏散到安全处。

（2）疏散通道和出口

疏散通道和出口是控制建筑内人员疏散过程中流量的关键。在人员较多时，它们直接影响人员疏散难易程度。出口的位置、数量、宽度，疏散走道的长度、宽度、形状等，都会对疏散产生一定的影响。

出口的位置和通道的分布是影响疏散的重要因素。在消防疏散中，出口位置的分布与消防分区的设置密切相关，一个分区内有多少疏散出口、出口的位置分布等都是影响疏散的关键因素。以教室为例，在设置教室出口时，正对过道的出口对疏散有利；正面边缘开口与侧面出口相比，侧面边缘开口更好，可以减少行人运动方向改变，提高疏散效率。当在教室侧面开口时，过道设置在紧靠出口的墙壁则可以提高疏散效率。在过道数目与单个过道宽度对比上，过道数目对疏散效率的影响更显著，疏散效率也更高。同时，当教室容量不变时，过道的分布设计较为重要。

出口的数量是保障疏散安全的关键，出口的数量越多越有利于疏散。但是，当存在多个出口时，人员往往对出口的选择犹豫不决，不仅导致了疏散时间的增加，也导致了随机性因素的增多，使得疏散时间存在一定的波动性。出口距离较远，人员在选定一个出口后，不太会选择另外的出口。而当两个出口距离较近时，则会有较多的人员在两个门之间举棋不定，这不仅使疏散时间延长，也使疏散中随机性因素增多。建筑出口的布置应当尽量对称，否则各个出口的使用率会有差异，从而降低疏散效率，并且会形成不稳定的疏散状态。由于人的"举棋不定"心理，出口间距过小会造成人员疏散过程中不良随机因素的增加，从而扰乱自身和他人的疏散秩序。

疏散出口的有效宽度是体现人员疏散中通行能力的一个重要方面，它决定了人员的通行能力、通行速度和等待时间。疏散出口的宽度不够会导致疏散过程中疏散空间内人员拥堵，在疏散出口等待时间过长，还可能出现推挤、踩踏事件，加剧人员安全疏散的危险。疏散通道越宽越平直则越有利于人员的疏散，尤其是弯道较少或者转弯幅度不大，能够有效避免阻塞，保证人员疏散的通畅性。一定条件下，人员的疏散时间随着走廊的宽度增加呈指数衰减。

（3）疏散楼梯

在多层、高层或超高层建筑中，对于处于较高楼层的人员来说，楼梯是影响疏散的重要因素。《建筑设计防火规范（2018年版）》（GB 50016—2014）中指出，在火灾情况下，扶梯和电梯是不能被用于人员疏散的，人员只能通过楼梯进行疏散。疏散楼梯间的设置禁忌有：①楼梯间内不应设计烧水间、可燃材料储藏室、垃圾道；②楼梯间内不应有影响疏散的凸出物或其他障碍；③封闭楼梯间、防烟楼梯间及其前室不应设计卷帘。

通过对放学后学生运动情况以及疏散演习中行人下楼运动的实验观测，楼梯在人员疏散过程中普遍存在一些典型问题：①相比于水平运动，行人在下楼时会出现排队现象。②在楼梯楼层连接平台内有汇流。③有子群组现象，一般两个或三个人组成一个子群，群组的速度比单个行人速度慢，同时还会影响其他人的速度。④个人速度影响整体速度。相对于平面运动，楼梯运动中的个体行人速度更容易对整体速度造成影响。⑤楼梯宽度对人流速度有较大的影响作用，尤其在楼梯比较窄的情况下，但是随着楼道的宽度增加这种影响逐步降低。

（4）疏散距离

疏散距离是影响疏散的一个重要因素，也是建筑的物理特征之一，它是决定人员运动轨迹、疏散必需时间的重要因素，也是稳定疏散人员情绪、减少疏散恐慌的重要因素。建筑内的疏散距离是由空间的大小，安全出口的数量、分布位置等决定的。在一些复杂建筑中，这一距离包括了房间内的距离和房间到安全出口的距离。

（5）疏散空间

建筑面积是建筑物理空间大小的体现，一般来说建筑面积的大小、结构的复杂程度与疏散难度成正比，建筑面积越大、内部结构越复杂，越不利于疏散。而相对地，建筑面积小，疏散距离短，疏散信息传播也快，可以减少疏散预备时间和运动时间，提高疏散的可靠度。疏散空间的复杂程度和大小也影响人员对疏散路径的认识能力，疏散空间结构简单有利于人员熟悉疏散空间，减少因对空间认识错误而带来疏散时间的增加。

（6）楼层位置

楼层位置是影响疏散的重要因素。在多层、高层或超高层建筑中，随着楼层的增加，人员疏散的距离增加、方式减少，疏散造成的心理压力也会增加。人员居住的楼层越高，从众心理越强，而且居住在楼层较高的人比楼层较低的人有更严重的恐慌心理。

以上建筑结构中，疏散出口的数量和宽度，通道的长度、宽度以及形状，疏散距离，建筑高度，疏散楼梯等因素都是影响人员疏散的重要因素。在对建筑疏散分析时，这些都是不可忽略的因素，也是限制建筑应急疏散的重要因素，是应急疏散管理的关键。在应对火灾疏散时，通过防火墙、防火卷帘等划分建筑内部区域，增加可用疏散时间；采用封闭楼梯或防烟楼梯，增强楼梯疏散的能力。不同的建筑结构也会使人员采取不同的行为方式，并且人员的熟悉程度也是重要的影响因素，越是熟悉，就越会采取正确的疏散路线。因此，在建筑结构设计中应考虑人员疏散的因素，通过合理的设计，使得人员在火灾发生时能够选择正确的路径进行疏散。

5.5.4　应急管理因素

应急管理包括应急预案、疏散演练等。火灾发生时，各方能够按照应急预案采取行动，可以使人员疏散和救援有序进行。对人员的应急教育培训能增强人员在突发事件中采取有利于自己的行为，甚至能够互相帮助，增加安全疏散的可能性。日常的应急演练可以提高火灾发生时的应急救援能力，提升人员在火场中安全疏散的效率。

5.6　疏散人员心理行为

5.6.1　疏散开始前的人员心理行为

（1）心理活动

研究发现，在火灾发生初期，如果人们认为有希望逃出去或者被救，一般会表现得较为理智。人员在发现火灾迹象后，逃生常常不是人们采取的第一项行动，而往往要经过一系列心理活动之后才决定进一步的行为。具体的心理活

动表现为:

① 辨识。包括听到或者感到不正常的声音（如喊声）、火灾报警器启动、其他人员的不正常活动、灯光闪烁或者断电、电话不正常、看到烟气或者粉尘、他人传递来的信息等。没有经过与消防有关的教育培训或者没有经历过火灾的人们，一般都存在侥幸心理，往往是在看到大量烟气或者威胁性很大的火焰时才认识到火灾很严重。所以，他们首先采取的行为一般都是警告他人或者进一步收集信息。

② 确认。人们在得到火灾线索之后往往要对火灾线索进行确认，以确定自己的判断是否正确。确认的过程一般是通过询问位于附近的其他人或者自己亲自去查看来完成。

③ 分析。人们在确认火灾后，会进一步分析面前所发生的情形及他人所描述的火灾情况。如果明白火灾的威胁程度，就会根据烟的浓密程度、火焰的强度、辐射热强度等确定火灾威胁的性质和影响。

④ 评价。评价是个人决定自己下一步行为（逃生、灭火、收集个人物品或者忽略火灾线索）的基础。如果个人经过一系列的决策之后认为火灾威胁较大，有必要立即逃出建筑，其行为显然就是逃生。而如果个人认为火灾威胁不大，则可能是采取措施降低危险（特别是在自己家里），或者报警、寻找亲人、收拾贵重物品，或者帮助他人逃生等。

（2）疏散人员差异性因素

火灾情境下人员的心理行为之间存在个体差异的影响，可分为主观因素和客观因素。

主观因素是指人的生理特性、心理特性、安全意识及经验水平等方面的个体特征。其中，生理特性主要有人的性别、年龄、身高、体重以及肺活量大小等。当火灾发生时，大火会使人产生炙热、烧伤的感觉或使逃生者吸入有毒气体中毒，甚至窒息死亡。而心理特性则包括耐心、自信心还有信息感知能力等，逃生人员通常会根据自己的个性特征和自身的经历对火灾做出判断和反应。安全意识和经验水平主要来自个人的防火防灾知识培训、个人的警惕性和觉悟能力以及个人对所处建筑的熟悉程度等。

客观因素包括环境因素、社会因素等。其中，环境因素主要包括逃生口的宽度、数量等空间结构环境因素以及热辐射、可视度、毒性、烟气等特殊环境因素。社会因素主要指人在社会环境中的社会关系以及社会道德标准等，它对人的心理起着重要作用。例如在人的社会环境中，朋友、家人之间具有强烈的吸引力，而不熟悉的人之间存在排斥力等，社会道德引导着逃生人员在疏散过程中产生相互帮助等行为。这些客观因素具体可以分为以下几点。

①　是否接受过正规消防教育培训。研究发现，接受过正规消防教育培训的人，在发现火灾线索之后会马上启动报警器并组织人员进行疏散。这些人对火灾线索很敏感，不存在任何侥幸心理，也不会浪费时间亲自去确认或找人打听。他们采取的第一行动就是马上组织逃生。这种行为为自己，也为他人赢得了宝贵的时间，有利于逃生。

②　对周围环境的熟悉程度。对周围环境非常熟悉的人不一定会在发现火灾线索之后马上逃生，而可能会去一探究竟或者进行灭火。但这会耽误逃生的宝贵时间。而对周围环境不熟悉的人，则会倾向于紧紧抓住自己的东西或者回房间收拾自己的东西。有的甚至已经逃出建筑，当发现自己的某样东西或者亲人还留在里面时，这些人可能会害怕自己的东西被偷、害怕失去亲人或者感到将这些东西抓在手里会给自己带来慰藉和安全感，而往往会返回寻找。

③　接触过消防或者经历过火灾。接触过消防但没有经过正规的培训，或者说经历过火灾的人，在发现火灾线索后的第一举动可能是灭火，或者采取措施降低火灾危险。这些人对自己有一种非常危险的自信，使他们觉得不用报警，自己就能把"这点事"解决。但这种行为非常危险，不但让其本身面临巨大危险，也可能使他人跟着遭殃。

④　性别。研究发现，女性对火灾危险比男性敏感。女性在发现火灾线索后，采取的行动很可能是通知他人、立即逃生、寻求帮助或者帮助家人逃生。她们自己很少去灭火或者采取措施降低火灾危险。而男性则正好相反。他们常常认为自己是男子汉，有责任保护他人，并且灭火也能表现出自己的勇敢和男子汉气概，可获得心理上的满足，所以他们面临火灾时更倾向于灭火，而不是立即逃生。

⑤　特殊人群。老幼群体相对于成年群体来说，表现为判断上的延迟和疏散行为的滞后，他们自身的特征，如体力较弱、思维能力在火灾中不够活跃、对各种不利环境的适应性相对较差等，这些因素使他们在行为上主要表现为需要外力的帮助、引导或者要求在短时间内寻找容易到达的避难场所。

⑥　现场状况。调查发现，在遭遇火灾时，如果现场有良好的消防设施，有管理人员组织疏散，被疏散人员的心理比较平稳；而无组织疏散的场所，被

疏散人员心理会出现较大波动。

⑦ 燃烧产物的影响。化学合成物质燃烧产生的有毒气体极易刺激人员的神经、呼吸道、眼睛等，造成心跳加速、呼吸道堵塞、浑身软弱无力、心慌意乱等症状，同时这种环境容易使人员表现过度的谨慎小心和紧张，从而使行为过于僵硬。当烟雾刺激和威胁人体时，就会使人心理紧张、反应迟钝、不知所措，做出错误的行为。特别是有毒烟雾，更容易使人产生心理恐惧，无法顺利逃出火场。

⑧ 有限活动空间的影响。地下商场、地下隧道等处，空间有限，不仅使人员的身体难以正常活动，而且给心理造成极大的不良影响，引起口渴、头痛、眩晕、腰酸、浑身无力、四肢僵直等明显症状。

⑨ 噪声的影响。火场上的噪声，除了燃烧产物之外，也包括人为的噪声，如车声、喊话声、作业声等。噪声会使人的生理机能发生变化，产生听觉阻碍，造成心理疲劳、烦躁等，直接影响人们的心理承受能力。

（3）疏散行为的心理学解释

① 回避心理。所谓回避心理，是指个人通常倾向于忽略或者否定意料之外或者令人不快的事情。在心理学上，个人总是为这类事件寻找其他解释或者干脆对其予以否认。这是人类的一种趋利避害心理。这种防御机制可以暂时有效地减轻个人的心理痛苦，为个人赢得时间以适应环境。通过回避，在火灾初期大部分人试图否认这种火灾情况的存在，使人们觉得自己能够控制周围的环境，从而获得安全感。一般当人们闻到烧焦的味道或者听到报警声音的时候，他们首先要为其寻找一个符合逻辑而又无害的解释。但这种回避毕竟不是对事实的正确解释，所以在一定程度上妨碍个人正确地认识问题和从根本上解决问题，使人不能立即采取逃生行为。

② 承诺。人们在从事某一特定活动的时候，总是试图完成该项活动，然后再注意同时发生的其他事情。也就是说，人们在遇到意外情况时会做成本—利益分析，认为他们继续当前的任务所获得的收益要比停下来应付无法预料的情况要大得多。所以，人们总是趋向于继续当前的任务。人的这种承诺意识非常强烈。这个心理学概念也能解释为什么人们对火灾的反应会出现延误。

举例而言，英国某地曾发生火灾，造成 10 人死亡。2 名油漆工首先发现二楼起火，他们把火灾情况报告了经理。经理去办公室打电话告诉他人，并跑到餐厅告诉在餐厅用餐的几个经理。餐厅也位于 2 层,当时有 100 多人正在用餐。该经理通知马上疏散,并且餐厅里也能看到火光,但这些正在用餐的人继续吃饭。直到那 2 名油漆工跑进来大喊"着火了",他们才开始疏散。从这个例子可以看出,即使面对火灾这种紧急情况,人们也总是习惯于继续自己正在从事的活动,试图在完成正在进行的活动之后再应对火灾情况。这就是"承诺"这个概念要表达的意思。这样的例子不胜枚举,几乎每场火灾中都存在这种情况。多少人因为这种心理而丢失性命,没有人做过具体统计。但从这种心理的普遍性和火灾实例中表现出来的行为来看,其数目肯定不小。

③ 熟悉性。当一个建筑内的人员,或者作为一个团体前来参观该建筑的人群,在遇到紧急情况出现时,趋向于聚集在一起逃生的特性。例如,在一起娱乐场所火灾中,火灾发生时,孩子们跟其父母不在一起,那么父母在逃离建筑之前总是先去寻找他们的孩子。这说明了人们在遇到紧急事件的时候总是趋向于寻找自己熟悉的人,组成一个团体后一起逃生。

熟悉性不只限于人与人之间,还指人与其周围的物理环境之间。人们发现火灾线索时,做出一系列决策,决定开始疏散之前,总是趋向于寻找自己熟悉的出口。这是因为熟悉的人和环境能给人带来安全感,使人能从中获得安慰和力量。陌生的人和环境总会给人带来恐惧。

日常生活中,人们曾有这样的体验:你单独去一个陌生的地方参加盛大的生日聚会,而且不认识其他参加聚会的人,你肯定会犹豫不决,陌生的环境、陌生的人会让你感到孤立无援,给你的心理造成很大的压力。而如果去的是你熟悉的地方,跟熟悉的人聚会,你会欣然前往,没有任何思想负担。这跟上面提到的寻找熟悉的人和熟悉的出口是一个道理。

④ 角色。角色是人员在建筑内影响其活动的因素,如顾客、业主、长期办公人员等。在紧急情况中,外来人和该建筑的员工所表现出的行为就不一样。

一般情况下,如果外来人看到火灾迹象,他们会认为没有责任去管这件事情或者认为这用不着他们来处理。例如,某大商场内的垃圾桶冒出了浓烟,如果你看到前面走过去的人对此没有什么反应,你很可能也不会做出什么反应,装作若无其事。为了不让自己在他人面前露怯或者丢脸,你很可能会采取跟他人相同的行为。这种现象说明,当你在对情境的性质不能确定的时候,你趋向于参考周围人的反应来做出自己的判断,这其实也是恰当行为的社会比较问题。人们总是看周围人的行为，然后根据他们的反应来判定自己的反应是否恰当。而员工却不同，他们很熟悉其工作环境，知道什么是正常现象、什么是不正常现象。一旦出现不正常现象，他们会觉得自己有责任来处理这种不正常现象。即使自己对处理此事没有把握，也会及时将问题报告上级，寻求上级的处理意见和建议。这些行为都是由角色决定的。

综上所述，人的心理和行为是不可分的，行为是心理的延伸，心理是行为的基础。研究逃生前人们的心理非常重要，它决定着人们采取什么样的方式进行逃生以及逃生成功与否，在整个逃生过程中起着重要作用。

5.6.2 疏散过程中的人员心理行为

研究表明，火灾造成的突发性环境变化使人们迅速产生逃离危险现场的举动，而这种行为的正确与否又取决于人的智能和体能。由于应激状态伴随着有机体全身心的能量消耗，因此，长时间处于应激状态下，会破坏一个人的生物化学保护机制，降低人的抵制能力。

当处于火灾中的个体慌张鲁莽，缺少逃生教育、消防知识，会在疏散过程中做出一些异常行为，但多为一些无意识行为，更多是依靠人的原始本能，缺乏科学决策后的结果。这种由求生本能引起的行为主要有如下几种类型：

① 趋熟（归巢）。趋熟就是趋向于选择自己熟悉的道路、环境，以求得自己的生存。因为熟悉的状态就是激起人脑的神经细胞中处于一种绝对优势的兴奋区域，熟悉的内容成为人在第一时间内的选择。所以，当人在房间内受到烟火的威胁，逃生时往往无法判断出正确的方向，而只选择自己较熟悉的走廊、楼梯、电梯或出口等。统计发现，火灾现场的个体，从逃生路线的选择方面来看，若几条路线的长度相当，选择熟悉的疏散路线的概率约为选择其他路线的人数的两倍。

② 向地。这是由长期生活习惯形成的将大地作为生存根基的心理产生的一种行为。发生火灾时，人都会不自觉地从楼上向下跑，直至室外地面。当烈火封住出口，逃生无路时，向地行为的表现之一即是跳楼。室外无疑是安全的，但是否向室外疏散应该看当时的具体情况。如果人员位于较低楼层，在火灾形势不严峻的情况下，跑下楼应该是不成问题的。但当人员位于较高楼层，而且着火层又在下面时，此时向地面疏散可能不是最好的选择。

③ 奔光。即向光亮处逃离。在火灾浓烟区，被困人员一旦看见亮光，就会奔向光亮处。因此，光亮可成为引导人员安全疏散的一种指示、诱导标志。《建筑设计防火规范（2018 年版）》（GB 50016—2014）中，结合建筑火灾中烟雾的减光性和烟气流动特性在建筑中设置疏散指示标志和应急照明等的相应规定，就是利用奔光性使人在火灾中能安全有效地疏散。

④ 退避。即由恐惧引起而躲避的一种行为。当人遇到烟、火会反向逃跑。特别是室内火灾时，人总是尽力往外跑，即便处于安全地带，也要向起火的反方向躲避。

⑤ 沿墙。即沿着墙根跑或爬行。当人受到烟火围困时，视觉器官会失去作用，主要靠触觉寻求逃生去路。所以将安全疏散指示标志设置于墙上时，其高度在人视线以下，距地面 0.3～1.0m 为最佳。

⑥ 从众。从众是为适应团体或群体的要求而改变自己的行动和信念的过程。它不管群体的行为是否正确，而是消极地认同、盲目地顺从群体。这会使火灾中的人盲从于其他人的行为，从而做出丧失理智的行为。在某起商厦火灾中，大量人员被烟熏致死于四楼，其中大部分来自三楼的浴室，由于三楼以下窗格都有铁栅栏，大部分顾客都从众向楼上跑去，而没有利用好三楼的逃生工具，造成严重的人员伤亡。

⑦ 选方便之路。在火灾情况下，假设有两条逃生路线：一条堆满了东西，障碍较多；另一条宽敞，无任何障碍。人从房间冲出的刹那，多选择宽敞且没有障碍的路线。人的选择标准在当时特定的环境下，并未考虑选择可能的逃生路线，而以无意识的方便为标准。

⑧ 超越。在客观事物的刺激下，引起个体强烈的心理反应，其反应的动量远远超过自身原有的能力（包括体能和技能）的一种行为。在某起商厦火灾中，有一位年近七旬的老人从窗口跳出，成功跳到邻近低一层的屋顶上，这在平时是不可想象的行为。

⑨ 重返行为。它是指已经逃离起火区的人重新返回起火区的行为，是火灾疏散过程中常常遇到的现象。重返的目的多数是为了寻找自己还处于危险区的亲人、朋友或者财物。这种行为是非常危险的。一方面，重返会与往外疏散的人流相撞，影响他人尽快疏散。另一方面，重返起火区会遇到新的危险，很可能是一去不复返。

5.6.3　火灾疏散发生后人的心理行为

火灾造成的危害不仅在于它所带来的人员伤亡、财产损失和环境破坏，更重要的是它对受灾民众心理和行为造成的短期及长期负面影响。通过火灾灾后调研，以三维评价体系和症状清单量表为访谈基础，对经历创伤事件后所有的当事人或现场目击者产生的各种各样的情绪反应进行收集和归类。火灾后人的心理行为数据的总结归纳结果见表5-6。

表5-6　火灾后人的心理行为归纳

情绪反应	害怕	很担心事件会再发生
		害怕自己或亲人会受到伤害
		害怕只剩下自己一个人
		害怕自己精神崩溃或无法控制自己
	无助感	觉得人是多么脆弱，不堪一击
		不知道将来该怎么办，感觉前途茫然
	悲伤、罪恶感	为亲人或其他人的死伤感到很难过、很悲痛
		觉得没有人可以帮助自己，恨自己没有能力救出家人
		希望死的人是自己而不是亲人
		为自己的幸存而感觉罪恶
	愤怒	觉得上天怎么可以对自己这样不公平
		救助的动作为何那么慢
		别人根本不知道我的需求
	重复回忆	想到逝去的亲人，心里觉得很空虚，无法想别的事
	失望	不断地期待奇迹出现，却一次一次地失望
	希望	期待重新开始人生，希望更好的生活将会到来
行为反应	下意识动作增多、坐立不安、脱离与疏离、攻击与强迫	
认知反应	无法信任、失控、觉得被拒绝及被放弃	
	感知异常、思考和理解困难、无法集中注意力及记忆力减退	
身体反应	疲倦；失眠；做噩梦；心神不宁；记忆力减退；注意力不集中；晕眩、头昏眼花；心跳突然加快；发抖或抽筋	
	呼吸困难、窒息感；喉咙及胸部感觉梗塞；恶心，呕吐；肌肉疼痛（包括头、颈）；子宫痉挛；月经失调；反胃、拉肚子	

表 5-6 中的情绪反应和身体症状如果得不到有效的缓解或处理，经过一段时间的积累之后，就会形成一种超过个体平时应付能力的难以承受的心理障碍，自杀的风险就会增长。一般而言，自杀的主要因素在于情感的丧失和对痛苦的难以承受。一位从着火的房子里脱险的小女孩，在随后的数周里，几乎每晚都从再现火灾的噩梦中惊醒，这就是创伤性噩梦。它通常具有想象、语言、思维与情感等显著特征，给人们的身心造成不可估量的巨大压力。创伤性噩梦不仅发生在成人身上，在儿童中也甚为常见。然而有关儿童创伤性噩梦发生率的可利用统计资料几近于无。但无论何时，当调查人员与刚经历过严重创伤的儿童交谈时，发现其噩梦的高发率仍然十分引人注目。即当创伤足够严重，而受害者非常脆弱时，几乎任何人都会产生噩梦，研究者称之为"创伤性压抑失调"现象。

火灾发生后受害者的心理反应阶段一般分为应激期、潜伏期和分化期，各阶段的主要心理特点见表 5-7。

表 5-7　火灾发生后受害者的主要心理特点

阶段		受害者的心理特点
火灾后初期	应激期	明显的临床应激症状(情绪、身体、认知功能等)
火灾后中长期	潜伏期	临床症状缓解和消失,内隐创伤明显,灾前日常问题行为灾后凸显化
	分化期	部分临床症状持续,行为群体化和极端化;另一部分逐渐恢复正常

火灾发生后，对人们带来的不仅仅是物质经济上的损失，更多的是心理阴影。火灾发生后，在针对消防员的调查中，觉得心理安抚对解决焦虑、急躁、消极问题有明显效果的人占总人数的 36.36％。能够应用于消防员的心理救助技术主要有以下 5 种：

① 倾听技术。倾听是一种有效的快速心理救助技术，救援人员在现场施救时，要使被困人员在遭遇火灾后一吐为快，将心中的委屈、压抑、担心、焦虑统统说出来。救援人员对被困人员的话要耐心、真诚、实质、全面倾听；不仅是思想上的、观念上的倾听，更是实践上的、行动中的倾听，在倾听中融入对方。

② 疏导技术。被困人员处于心理劣势和心理压抑状态时，要让他们说出来，然后再加以正确的疏导。作为救援人员，面对这些被困人员，必须用循循善诱的方法把他们埋藏在灵魂深处的问题梳理出来，给予正确的引导，对症下

药，配合救援。

③ 宣泄技术。面对火灾，由于外界的刺激而在人体内部产生的心理反应必须寻找到合适的对象，适时地进行释放，及时化解，否则很容易越积越重，极易导致行为失控。实施宣泄技术进行救援时，就要让受灾者吐露心中积压的忧郁和烦恼，及时通过情绪的充分表露平抑被困人员的积郁，帮助受灾者顺利地宣泄不良情绪，缓解紧张、焦虑的心理。

④ 沟通技术。沟通技术是救援人员最基本的心理救助技术之一。该技术的特点是利用开放式、简单易懂的提问，获得被困人员心理问题的症结，通过暗示以及移情等心理学手段，以最佳的救助策略对被救者心理梳理，使其快速减轻或消除行为反应症状。

⑤ 放松技术。放松技术主要是降低被困人员心理受到强烈打击时而出现的一些躯体障碍。放松技术有很多种，适用于火灾现场的放松技术有身体放松技术、呼吸调节技术以及按摩术等。

思考题

1. 请说出火场个体心理的特点有哪些，并简要表述各种心理特点是如何表现的。

2. 在发现火灾迹象后，一般会先进行哪些心理活动，然后才会进一步帮助人员的逃生？

3. 请列举一起火场逃生失败案例，并结合本章所学，试分析在逃生过程中可能存在哪些错误的群体心理行为和人的心理行为，以及如何避免这些行为。

第 6 章

安全疏散及逃生救生设施

6.1　安全疏散设施的概念及类别

安全疏散是指建筑内发生火灾时，为了减少损失，在火灾初起阶段，建筑内所有人员和物资及时撤离建筑到达安全地点的过程。从消防安全的角度来看，主要针对人员的疏散，有时候也包括重要物资的疏散。而安全疏散设施是指建筑中与安全疏散相关的建筑结构和安全设施等。

在建筑结构方面，安全疏散设施包括安全出口、疏散出口、疏散走道、疏散楼梯、消防电梯、阳台、避难层（间）、屋顶直升机停机坪、大型地下建筑中设置的避难走道等。在安全设施方面，与疏散直接相关的主要有防火门、防排烟设施、疏散指示标志、火灾事故照明等，间接相关的主要有自动喷水灭火系统、火灾探测、声光报警、事故广播等，以及特殊情况下的辅助疏散设施如呼吸器具、逃生软梯、逃生绳、逃生袋、逃生缓降器、室外升降机、消防登高车等。我国现行国家标准《建筑设计防火规范（2018 年版）》（GB 50016—2014）明确规定，自动扶梯和普通电梯不应作为安全疏散设施。但具体的实践与探讨中有不同看法，如现行国家标准《地铁设计规范》（GB 50157—2013）中规定，采取一定安全措施的自动扶梯可以作为安全疏散设施，并计入安全出口数量、疏散宽度。普通电梯在火灾早期未受到火灾烟气影响的情况下能否用于人员快速疏散，目前仍存在争议。

6.2　常见安全疏散设施

安全疏散设施对于人员疏散起到重要作用，我国现行国家防火规范（标准）对其设置有着严格要求，以下给出了安全出口、疏散门、疏散走道及消防电梯等常见安全疏散设施的具体要求。

6.2.1 安全出口

安全出口的定义在现行的不同国家标准中有些微差异，如《建筑设计防火规范（2018年版)》（GB 50016—2014）定义为供人员安全疏散用的楼梯间和室外楼梯的出入口或直通室内外安全区域的出口，而《人民防空工程设计防火规范》（GB 50098—2009）则定义为通向避难走道、防烟楼梯间和室外的疏散出口。通常认为建筑的外门、着火楼层楼梯间的门、直接通向室内避难走道或避难层等安全区域的门、经过走道或楼梯能通向室外安全区域的门等都是安全出口。对于不能直通安全区域或直接通向疏散走道的房间门、厅室门则统称为疏散出口（门）。疏散出口有时也是安全出口，但二者是有区别的。《人民防空工程设计防火规范》（GB 50098—2009）定义了疏散出口是用于人员离开某一区域至另一区域的出口。安全出口、疏散出口在日常建筑设计、施工、消防管理中不能一视同仁，混为一谈。

建筑内的任一楼层上或任一防火分区中发生火灾时，其中一个或几个安全出口被烟火阻挡，仍要保证有其他出口可供安全疏散和救援使用。为了避免安全出口之间设置距离太近，造成人员疏散拥堵现象，民用建筑的安全出口在设计时要从人员安全疏散和救援需要出发，遵循"分散布置、双向疏散"的原则，即建筑内常有人员停留的任意地点均应保持有两个方向的疏散路线，使疏散的安全性得到充分的保证。不同疏散方向的出口还可避免烟气的干扰。大量建筑火灾表明，在人员较多的建筑或房间内如果仅有一个出口，一旦出口在火灾中被烟火封住易造成严重的伤亡事故。因此，通常情况下建筑内的每个防火分区、一个防火分区的每个楼层至少应设有两个安全出口，并且其相邻两个安全出口最近边缘之间的水平距离不应小于5m，并使人员能够双向疏散，如果两个出口或疏散门布置位置邻近，则火灾发生时只能起到1个出口的作用。此外，安全出口应易于寻找，并且有明显标志。直通室外的安全出口的上方应设宽度不小于1m的防护挑檐，以保证不会经底层出口部位垂直向上卷吸火焰。

建筑的安全出口数量既是对一幢建筑或建筑的一个楼层，也是对建筑内一个防火分区的要求。足够数量的安全出口对保证人员和物资的安全疏散极为重要。火灾案例中常有因出口设计不当或在实际使用中部分出口被封堵，造成人员无法疏散而伤亡惨重的事故。从方便疏散、快速疏散的角度出发，安全出口的数量越多，越有利于人员和物资的疏散。但是，从经济角度和功能布局出发则不然。安全出口设置数量越多，所花费的经济代价就越大，同时建筑的功能布局也会受到影响。

通常情况下，单个防火分区以及单个防火分区的每个楼层，其安全出口的数量不得少于两个。如医院的门诊楼、病房楼等病人较多、流量较大的医疗场所，疗养院的病房楼或疗养楼、门诊楼等慢性病人场所，以及老年人、托儿所、幼儿园等老弱幼小场所（建筑）不允许只设置 1 个安全出口或疏散楼梯。这是由于病人、产妇和婴幼儿都需要别人护理，他们在安全疏散时的速度和秩序与一般人不同，疏散条件要求较为严格。设置两部及两部以上疏散楼梯或多个安全出口也有利于确保他们的安全。但对于人员较少、面积较小的防火分区，以及消防队能从外部进行扑救的范围，由于其失火概率相对较低，疏散与扑救较为便利，也不完全强调设置两个安全出口。

6.2.2　疏散门

疏散门是指包括设置或安装在建筑内各房间直接通向疏散走道、疏散出口和安全出口的门。为了保证人员顺利疏离，避免在发生火灾时由于人群惊慌、拥挤而压紧内开门扇，导致门无法开启，对疏散门的开启方向及形式有一定的要求。

① 民用建筑和厂房的疏散用门应向疏散方向开启。除甲、乙类生产房间外，人数不超过 60 人的房间且每樘门的平均疏散人数不超过 30 人时，由于这些场所使用人员较少且对环境及门的开启形式又较熟悉，其门的开启方向可不受限。

② 民用建筑及厂房的疏散用门应采用平开门，不应采用推（侧）拉门、卷帘门、吊门、转门；由于电动门、推（侧）拉门、卷帘门或转门等在人群紧急疏散情况下无法保证安全迅速疏散，不允许作为疏散门使用。

③ 仓库的疏散用门应为向疏散方向开启的平开门，首层靠墙的外侧可设推拉门或卷帘门，但甲、乙类仓库不应采用推（侧）拉门或卷帘门。考虑到仓

库内的人员一般较少且门洞通常都较大，因此规定门设置在墙体外侧时可允许采用推（侧）拉门或卷帘门，但不允许设置在仓库墙的内侧，以防止因货物翻倒等原因压住或阻碍而无法开启。对于甲、乙类仓库，因火灾时的火焰温度高、蔓延迅速，甚至会引起爆炸，故不应采用推（侧）拉门或卷帘门。

④ 人员密集场所平时需要控制人员随意出入的疏散用门，或设有门禁系统的居住建筑外门，应保证火灾时不需使用钥匙等任何工具就能从内部易于打开，并应在显著位置设置标识和使用提示。公共建筑中一些通常不使用或很少使用的门，可能需要处于锁闭状态。但无论如何，设计时应考虑采取措施使其能从内部方便打开，且在打开后能自行关闭。

6.2.3 疏散走道

建筑物内疏散走道是人员从房间内至门或从房间门至疏散楼梯、外部出口、相邻防火分区的室内通道。在火灾情况下，人员要从建筑功能区向外疏散，首先通过疏散通道，所以疏散走道是疏散撤离的必经之路，通常作为人员疏散的第一安全地带，是救援人员内攻近战的立足点。建筑疏散走道的设置应能保证疏散路线连续、快捷、便利地通向安全出口，到达室外安全区域。

疏散走道的设置要求主要有：①疏散走道要简明直接，尽量避免弯曲，尤其不要往返转折，否则会造成疏散阻力和产生不安全感。②疏散走道内不应设置阶梯、门槛、门垛、管道，在疏散方向上疏散通道宽度不应变窄，在人体高度内不应有突出的障碍物，以免影响疏散。③疏散走道与房间隔墙应砌至梁、楼板底部，并用不燃材料填实所有空隙。④疏散走道的墙面、顶棚、地面应为不燃材料装修，吊顶应为耐火极限不低于 0.25h 的不燃材料。⑤疏散走道内应有防排烟措施。多层公共建筑长度超过 20m 的内走道、其他建筑长度超过 40m 的疏散走道应设自然排烟设施，不具备自然排烟条件的应设机械排烟设施。一类高层建筑和建筑高度超过 32m 的二类高层建筑长度超过 20m 的内走道应设自然排烟或机械排烟设施，长度超过 60m 的内走道应设机械排烟设施。⑥疏散走道内应有疏散指示标志和事故应急照明。疏散走道的地面最低水平照度不应低于 0.5lx；大型的展览建筑、商业建筑、电影院、剧院、体育馆、会堂或礼堂、歌舞娱乐放映游艺场所应在其内部疏散走道和主要疏散路线的地面上增设能保持视觉连续的灯光疏散指示标志或蓄光疏散指示标志。

6.2.4　消防电梯

消防电梯是在建筑发生火灾时供消防人员进行灭火与救援使用的电梯，图6-1 所示为消防电梯的主体构造。它与普通电梯主要有以下几点区别：①消防电梯一般在火灾情况下能正常运行，而普通电梯则没有太多的要求。②消防电梯必须是双电源引入到端部的配电箱体内，消防电梯在其他电源切断时仍能利用消防专用电源运行。消防电梯比普通电梯多一路消防电源，在发生火灾时由消防电源供电，供消防人员救火和楼内人员逃生使用。③消防电梯内设专用操纵按钮，即在火灾报警探头发出报警信号，延时 30s 确认是火灾后，其他电梯全部降到首层，只有按专用按钮才可运行。消防电梯自首层到顶层运行时间不能大于 60s。④消防电梯井底有排水设施。消防电梯井底还设置集水坑，容积不小于 $2m^3$，潜水排污泵流量不小于 $10L/s$，这是普通电梯所没有的。此外，消防电梯内还设专用的消防电话。

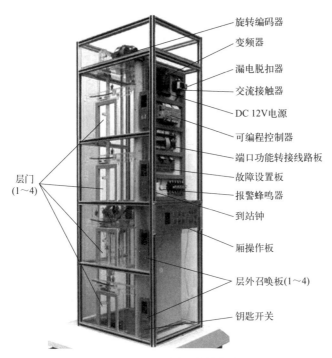

图 6-1　消防电梯的主体构造

6.3 应急照明及疏散指示标志

6.3.1 应急照明

因正常照明的电源失效而启用的照明称为应急照明。应急照明是现代公共建筑及工业建筑的重要安全设施，它同人身安全和建筑安全紧密相关。当建筑发生火灾或其他灾难，电源中断时，应急照明对人员疏散、消防救援工作，对重要的生产、工作的继续运行或必要的操作处置，都有重要的作用。应急照明不同于普通照明，它包括备用照明、疏散照明、安全照明三种类型。

（1）备用照明

备用照明是指在正常照明电源发生故障时，为确保正常活动继续进行而设的应急照明部分。通常在下列场所应设置备用照明：①断电后不进行及时操作或处置可能造成爆炸、火灾及中毒等事故的场所，如制氢、油漆生产、化工、石油、塑料及其制品生产、炸药生产及溶剂生产的某些操作部位。②断电后不进行及时操作或处置将造成生产流程混乱或加工处理的贵重部件遭受损坏的场所，如化工、石油工业的某些流程，冶金、航空航天等工业的炼钢炉、金属熔化浇铸、热处理及精密加工车间的某些部门。③照明熄灭将造成较大政治影响或严重经济损失的场所，如重要的通信中心、广播电台、电视台、发电厂与中心变电所、控制中心、国家和国际会议中心、重要旅馆、国际候机楼、交通枢纽、重要的动力供应站（供热、供气、供油）及供水设施等。④照明熄灭将妨碍消防救援工作进行的场所，如消防控制室、应急发电机房、广播室及配电室等。⑤重要的地下建筑因照明熄灭将无法工作和活动，如地铁车站、地下医院、大中型地下商场、地下旅馆、地下餐厅、地下车库与地下娱乐场所等。⑥照明熄灭将造成现金、贵重物品被窃的场所，如大中型商场的贵重物品售货区、收银台及银行出纳台等。

（2）疏散照明

疏散照明是指在正常电源发生故障时，为使人员能容易且准确无误地找到建筑出口而设的应急照明部分。通常在下列场所应设疏散照明：①人员众多、密集的公共建筑，如大礼堂、大会议室、剧院、电影院、文化宫、体育场馆、大型展览馆、博物馆、美术馆、大中型商场、大型候车厅、候机楼及大型医院等。②大中型旅馆、大型餐厅等建筑。③高层公共建筑、超高层建筑。④人员众多的地下建筑，如地铁车站、地下旅馆、地下商场、地下娱乐场所等，以及大面积无天然采光的建筑。⑤特别重要的、人员众多的大型工业厂房。

（3）安全照明

安全照明是指在正常电源发生故障时，为确保处于潜在危险中人员的安全而设的应急照明部分。通常在下列场所应设置安全照明：①工业厂房中的正常照明因电源故障而熄灭时，在黑暗中可能造成人员挫伤、灼伤等严重危险的区域，如刀具裸露而无保护措施的圆盘锯等。②正常照明因电源故障熄灭时，使危重患者的抢救工作不能及时进行，延误急救时间而可能危及患者生命的，如医院的手术室、危重患者的抢救室等。③正常照明因电源故障熄灭后，由于众多人员聚集且又不熟悉环境条件，容易引起惊恐而可能导致人身伤亡的场所，或人们难以与外界联系的电梯内等。

（4）应急照明的转换时间

由正常照明到应急照明的转换时间根据实际工程及有关规范的规定进行确定。通常情况下要求，备用照明的转换时间不应大于 5s，疏散照明的转换时间不应大于 5s，安全照明的转换时间不应大于 0.5s。转换时间的确定主要从必要的操作、处理及可能造成事故、经济损失考虑，某些场所要求更短的转换时间，如商场中心的收银台不宜大于 1.5s；对于有严重危险的生产场所，应按其生产实际需要确定。对于疏散照明和备用照明，只要采用自动转换是容易实现的。即使使用柴油发电机组作为应急电源，采用自动启动、自动转换也是可以实现的。对于安全照明，因转换时间为 0.5s 极短，所以不能采用柴油发电机组为应急电源，也不能用荧光灯作为光源，必须用瞬时点燃的白炽灯且须自动转换。

6.3.2 疏散指示标志

疏散指示标志是用来指示疏散方向，指示疏散出口、安全出口、楼层、避难层、残疾人通道的图形文字符号，如图 6-2 所示。它可以抑制人们心理上的恐慌，引导人员有序流动，对于安全疏散具有重要作用。实际应用表明，疏散指示标志可以更有效地帮助人们在浓烟弥漫的情况下及时识别疏散位置和方向，迅速沿发光疏散指示标志顺利疏散，避免造成伤亡事故。

图 6-2　疏散指示标志

通常情况下，疏散指示标志可以分为疏散标示指示、疏散导流标志和疏散警示标志三类。

其中，疏散标示指示是指用于指示疏散方向或位置、引导人员疏散的标志，比如指示安全出口、楼层和避难层（间）的标志，指示疏散方向的标志，指示灭火器材、消火栓箱、消防电梯、残疾人楼梯位置及其方向的标志。

疏散导流标志是能保持疏散人员视觉连接并引导人员通向疏散出口和安全出口的疏散指示标志，如图 6-3 所示。

图 6-3　疏散导流标志

疏散警示标志用于指示禁止入内的通道、场所及危险品存放处，如图 6-4 所示。

图 6-4　疏散警示标志

　　常见的疏散指示标志有：安全出口标志、方向标志、楼层（避难层）标志、多信息复合标志、应急照明标志复合等。

　　① 安全出口标志。采用出口指示标志和"安全出口"等文字辅助标志组合作为主要标识信息，标识安全出口位置，如图 6-5 所示。

图 6-5　安全出口标志

　　② 方向标志。方向标志包括单向方向标志、双向方向标志和辅助指示出口距离的方向标志。其中，单向方向标志采用单向的疏散方向指示标志或出口；双向方向标志为指示状态方向可变的方向标志，可受系统控制改变标识疏散方向；辅助指示出口距离的方向标志采用疏散方向指示标志和"距出口××米"等文字辅助标志作为主要标志信息，标识疏散方向及与疏散出口或安全出口距离。

　　③ 楼层（避难层）标志。采用阿拉伯数字和字母组合作为主要标志信息，标识所在楼层位置，如图 6-6 所示。

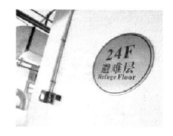

图 6-6　楼层（避难层）标志

④ 多信息复合标志。采用疏散方向指示标志和"阿拉伯数字与字母"作为主要标志信息，在同一只应急疏散标志灯具面板上标识疏散方向和楼层位置信息。疏散方向指示标志和"阿拉伯数字与字母"可在灯具面板同时显示，也可交替显示，不同标识信息交替显示时任一标识信息的播放时间应在 3～5s，如图 6-7 所示。

⑤ 应急照明标志复合。应急照明与疏散指示标志复合，同时具备应急照明灯具和疏散指示功能，一般安装在安全出口的上方。不过，这种灯具的灯光在一定程度上会影响"安全出口"标志的识别，如图 6-8 所示。

图 6-7　多信息复合标志　　　　　图 6-8　应急照明标志复合

6.4　逃生避难器材

6.4.1　建筑火灾逃生避难器材概述及分类

建筑火灾逃生避难器材是在发生建筑火灾的情况下遇险人员逃离火场时所使用的辅助逃生器材，如逃生缓降器、逃生梯、逃生滑道等。按照器材结构可分为：①绳索类，如逃生缓降器、应急逃生器、逃生绳；②滑道类，如逃生滑道；③梯类，如固定式逃生梯、悬挂式逃生梯；④呼吸器类，如消防过滤式自救呼吸器、化学氧消防自救呼吸器。按照器材工作方式可分为：①单人逃生类，如逃生缓降器、应急逃生器、逃生绳、悬挂式逃生梯、消防过滤式自救呼吸器、化学氧消防自救呼吸器等；②多人逃生类，如逃生滑道、固定式逃生梯等。

《建筑火灾逃生避难器材 第 1 部分：配备指南》（GB 21976.1—2008）中明确了各种器材的适用场所及高度，其适用楼层或高度如表 6-1 所示，如绳索类、滑道类或梯类等逃生避难器材适用于人员密集的公共建筑的二层及二层以上楼层，呼吸器类逃生避难器材适用于人员密集的公共建筑的二层及二层以上楼层和地下公共建筑。逃生滑道、固定式逃生梯应配备在不高于 60m 的楼层内，逃生缓降器应配备在不高于 30m 的楼层内，悬挂式逃生梯、应急逃生器应配备在不高于 15m 的楼层内，逃生绳应配备在不高于 6m 的楼层内。地上建筑可配备消防过滤式自救呼吸器或化学氧消防自救呼吸器，高于 30m 的楼层内应配备防护时间不少于 20min 的自救呼吸器。地下建筑应配备化学氧消防自救呼吸器。其他逃生避难器材的配备楼层（高度）参照国家指定质量检验机构出具的检验报告确定。

表 6-1　逃生避难器材适用楼层（高度）

器材	固定式逃生梯	逃生滑道	逃生缓降器	悬挂式逃生梯	应急逃生器	逃生绳	消防过滤式自救呼吸器	化学氧消防自救呼吸器
配备楼层(高度)	≤60m	≤60m	≤30m	≤15m	≤15m	≤6m	地上建筑	地上及地下公共建筑

6.4.2　常见逃生救生器材

（1）逃生绳与救生滑杆

逃生绳为绳芯外紧裹绳皮的包芯绳结构，可供使用者手握滑降逃生。绳索的一端应为绳环结构并连有安全钩，另一端可选配安全带，如图 6-9 所示。随着科技的进步，逃生绳逐渐采用聚丙烯、聚乙烯、聚氯乙烯等化学合成纤维材料来制作，其强度、韧性随之提升。逃生绳主要用于消防人员救人及被困人员的自救逃生。

图 6-9　逃生绳

逃生绳应安装在建筑物袋形走道尽头或室内的窗边、阳台凹廊以及公共走道、屋顶平台等处。室外安装应有防雨、防晒措施，逃生绳的安装高度应距所在楼层地面 1.5～1.8m。逃生绳供人员逃生的开口高度应在 1.5m 以上，宽度应在 0.5m 以上，开口下沿距所在楼层地面高度应在 1m 以上。逃生绳用于 6m 以下的楼层，每根可供两人使用。

掌握逃生绳的操作方法非常重要，一方面可以在消防人员尚未到达火场时用于自救，另一方面也可以为后面尚未逃出火场的人员赢得宝贵的生存机会。逃生绳的具体使用操作方法是：将绳的一端结扣固定在牢固的物体上，将安全吊带置于腋下，并将余绳顺着窗口抛向楼下，双手紧紧握住绳索上的橡胶件，将身体移至建筑外，并保持身体平衡，双腿弯曲，同时蹬踏墙面，紧握橡胶件的双手通过改变方向和握力控制下滑速度。此过程应视建筑高矮，重复此动作，切不可一滑到底。接近地面时，双腿微弯，脚尖着地，松开绳索并迅速撤离。使用时特别注意不要超过绳索荷载。

为防止发霉，平时应将逃生绳放在干燥通风的地方，但不可长时间暴晒，以免绳索老化变脆，影响安全使用。当检查发现绳索有 2 股以上开裂时，应立即停止使用。逃生绳不能接触酸、碱物质或堆放于尖锐物体上，以防止被腐蚀或磨损，存放时应打理成盘，并露出绳索头尾。

与逃生绳类似的还有救生滑杆。它是一根可供人滑落的长杆，如图 6-10 所示。它一般用无缝钢管焊制，安装在楼房建筑上。为了防止下滑人员被墙壁擦伤，应与墙壁保持一定距离。为了减小人员下滑到地面的冲击力，还可以在地面铺上一层较厚的黄砂，或者垫上海绵。救生滑杆的直径不宜过粗或太细，通常选用适合手握的尺寸。使用救生滑杆时，要充分利用双手（臂）、双脚（腿）的力量，紧贴于滑杆。下滑速度不宜过快，双手（臂）一定要将滑杆握稳或夹紧，双脚（腿）协助控制下滑速度，防止围绕滑杆转圈下滑。下滑过程中避免单手操作，更不能脱手，快接触地面时，速度要减缓，保持平稳落地。二人或多人逃生时，要安排好先后顺序，相隔一定距离，在地面应有人组织疏散，防止造成拥挤混乱的局面。

图 6-10　救生滑杆

（2）逃生梯与救生舷梯

逃生梯为固定式逃生梯和悬挂式逃生梯的统称。固定式逃生梯是和建筑固定连接，使用者靠自重以一定的速度自动下降并能循环使用的一种金属梯，如图 6-11（左）所示。悬挂式逃生梯是指展开后悬挂在建筑外墙上供使用者自行攀爬逃生的一种软梯，如图 6-11（右）所示。

逃生梯一般安装在建筑袋形走道尽头或室内的窗边、阳台凹廊以及公共走道、屋顶平台等处，室外安装应有防雨、防晒措施。固定式逃生梯应配备在不高于 60m 的楼层内。逃生梯供人员逃生的开口高度应在 1.5m 以上，宽度应在 0.5m 以上，开口下沿距所在楼层地面高度应在 1m 以上。固定式逃生梯应安装在建筑的墙体、地面及结构坚固的部分。悬挂式逃生梯应采用夹紧装置与墙体连接，夹紧装置应能根据墙体厚度进行调节。

救生舷梯由踏板、扶手和扶手撑杆组成，如图 6-12 所示。在火灾或其他紧急事故中，可将救生舷梯事先固定或临时移到便于被困人员逃离现场的门、

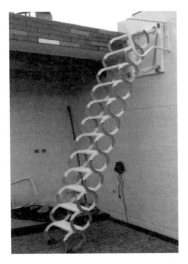

图 6-11　固定式逃生梯（左）与悬挂式逃生梯（右）

窗等通道口处。舷梯与墙壁应保持一定的距离，一般为 15～20cm。通道出口处需派人组织疏散，不得让无关人员顺其舷梯进入。

图 6-12　救生舷梯

（3）逃生滑道与救生滑台

逃生滑道是指使用者靠自重以一定的速度下滑逃生的一种柔性通道，应配备在不高于 60m 的楼层内，一般安装在建筑袋形走道尽头或室内的窗边、阳台凹廊以及公共走道、屋顶平台等处。室外安装应有防雨、防晒措施，安装时水平方向应保持一定间隔。根据《建筑火灾逃生避难器材 第 1 部分：配备指南》（GB 21976.1—2008）的规定，逃生滑道进口的高度应距所在楼层地面1.0m 以内，逃生滑道末端与地面的距离应在 1.0m 以内。

逃生滑道由入口金属框架、金属连接件、滑道主体等结构构成。滑道主体由外层防护层、中间阻尼层和内层导滑层等三层材料组合制成，也可由外层防护层、内层阻尼导滑复合层二层材料组合制成。滑道展开后，防护层的延伸长度应不超出阻尼层、导滑层或阻尼导滑复合层的延伸长度。滑道主体与入口金属框架的连接应牢固、可靠。滑道出口端可设置保护垫或其他缓冲装置。滑道出口末端可配置适当重量的沙袋，以防止使用时滑道出口端产生飞扬、缠绕和卷曲等，并在滑道出口末端处设置360°方位均可见的夜间识别和警示标志。

逃生滑道有四条支撑带，可防止逃生滑道在火场被大风吹动打转；逃生滑道每隔约70cm就会设置一直径60cm的圆形不锈钢圈，用于保护逃生者的安全；每隔3～5s下降一人，可连续逃生，如图6-13所示。

图6-13　逃生滑道

与逃生滑道类似的有救生滑台，它由滑板、侧板和扶手三部分组成，主要是供老人、儿童、病人等在火灾情况下或其他紧急事故中逃生使用。当需要逃生时，坐或躺在滑台上，就可以滑代步，自动滑落到地面。救生滑台的规格应从实际需要考虑，高低宽窄应满足人员逃生的要求，其基本结构与形状如图6-14所示。

图6-14　救生滑台

（4）逃生缓降器

逃生缓降器也称救生缓降器，是一种使用者靠自重以一定速度自动下降并能往复使用的逃生器材。它由缓降绳索、安全带、安全钩、调速器和绳索卷盘构成。逃生缓降器各部件应无变形、损伤等异常现象。金属件的外表面应光滑，无锈蚀、斑点、毛刺并进行防腐蚀处理。绳索端头应采用保护物包扎，如图 6-15 所示。

图 6-15　逃生缓降器

逃生缓降器应配备在不高于 30m 的楼层内，安装在建筑物袋形走道尽头或室内的窗边、阳台凹廊以及公共走道、屋顶平台等处。室外安装应有防雨、防晒措施，逃生缓降器的安装高度应距所在楼层地面 1.5～1.8m。

逃生缓降器按形式通常分为两类：一类是往复式缓降器。其速度控制器是固定的，绳索可上下往复使用。营救工作中，使用频率较快，人员逃生的数量和机会可大大增加。另一类是自救式缓降器。其安全吊绳是固定的，速度控制器随逃生人员从上而下滑移，不能往复使用，下滑速度必须由人操控，一般控制在 0.16～1.5m/s 之间，可由地面或高处的人员协助控制，也可由下滑者本人来控制。

图 6-16 所示为逃生缓降器使用的具体操作步骤：首先打开储存箱取出缓降器，把安全钩挂在预先安装好的固定架上或其他稳固的支撑物上；然后将绳索卷盘从窗口或平台投向楼外地面，将安全带套于腋下，拉紧铁扣至合适位置；从窗口或平台面向墙壁慢慢降落；落地后迅速松开铁扣，脱下安全带，离开现场。

逃生缓降器是在发生火灾等紧急情况下从高处不间断且轮换交替自救逃生

图 6-16 逃生缓降器的使用

的专用器材，其结构简单、易操作，而且场地设置条件不苛刻，具有体积小、重量轻、安全系数大、承重能力强、操作灵活、动静自如、携带方便等优点，是高层建筑避难救生的重要辅助工具。

（5）消防救生气垫

消防救生气垫是供消防队紧急救援时使用，具有一定阻燃性能，用于承接自由落下人员的气垫，如图 6-17 所示。它采用具有阻燃性能的高强纤维材料制成，具有阻燃、耐磨、抗老化、折叠方便、使用寿命长等特点。

消防救生气垫又分为普通型消防救生气垫和气柱型消防救生气垫。普通型消防救生气垫是指采用风机向整个气垫内充气，使整个气垫内充满空气，以达到承接自由落下人员的目的。而气柱型消防救生气垫是采用铝合金内胆的复合气瓶向气垫内的气柱充气，气柱内充满空气后支撑起整个气垫。

由于消防救生气垫产品的特殊性，《消防救生气垫》（XF 631—2006）中明确规定其仅用于消防队紧急救援且无其他任何可替代方法时使用，救援高度不得超过 16m。在具体使用时应注意以下几点：一是火灾时慎用救生气垫，以免诱导跳楼。二是在分秒必争的火场设气垫缓不济急。三是要认真做好气垫的

图 6-17　消防救生气垫

日常维护、检查工作。每三个月应取出充气检查一次，用 50kg 的沙袋从 12m 的高度进行三次投放试验，日常检查中严禁由人员进行试跳。

（6）过滤式消防自救呼吸器

过滤式消防自救呼吸器由头罩和滤毒罐组成。头罩由阻燃隔热材料制成，能在短时间内经受住 800℃ 的高温；设有大眼窗，在逃生时佩戴者能清晰看清路线；具有一种通用尺寸，适合各种头型佩戴，由头带束紧固定，如图 6-18 所示。在使用前，滤毒罐完全密封，在存在火灾烟雾的情况下，使用滤毒罐，使其发挥作用能有效过滤毒烟和毒气，如氨、氯化氢、氰化氢、氮氧化物、硫化氢和二氧化硫，尤其是对一氧化碳及烟雾中的悬浮粒子具有可靠的防护作用。

图 6-18　过滤式消防自救呼吸器

图 6-19 所示为消防过滤式自救呼吸器的使用方法。使用时，首先打开呼吸器盒盖取出呼吸器，然后展开头罩，拔掉滤毒罐前后孔的两个橡胶塞，将头罩戴到头上，滤毒罐对准口鼻，拉紧头带固定，然后拉紧颈部带子，以防止进烟。佩戴正确后，平静地呼吸。离开火场后，及时脱去呼吸器。

(a) 开盒取出呼吸器　　(b) 拔掉前后两个塞子　　(c) 将呼吸器戴于头上　　(d) 拉紧系带

图 6-19　过滤式消防自救呼吸器的使用方法

使用时应注意以下事项：①当发生火灾时，应立即佩戴逃生，若看到烟雾时再佩戴，有时可能来不及逃生。②佩戴时，火灾现场的空气中氧含量应大于17％、一氧化碳含量应小于 1.5％，若一氧化碳含量大于 1.5％时，会因干热而不舒服，此时绝对不可脱下面罩，以防中毒。③滤毒罐从出厂之日起，有效期为 4 年。滤毒罐为一次性使用品，打开罐的密封盖或使用后即应丢弃，不能重复使用。超过有效期的呼吸器，可以更换滤毒罐而延期使用。

6.4.3　新型逃生疏散装置

（1）新型弓字形户外逃生梯

国内部分城市区域人口密集，"九小场所"数量多，出租屋、城中村和农村地区普遍存在建筑间距空间狭小的"握手楼"现象，一旦发生险情会引起较大的灾难。针对这些现象，为有效解决以上场所内部只有一条楼梯疏散能力不足的棘手难题，为人民群众提供安全可靠的逃生通道，同时最大限度阻止"小火亡人"恶性火灾事故发生，本着"安全可靠、简单实用、物美价廉"的原则，巧妙利用建筑外窗固定平台，设计出"新型弓字形户外逃生梯"，如图 6-20 所示。该梯的特点是上下两层设有外围保护的直爬梯交错连接，全梯形成"弓"字结构布局。这种新型逃生梯十分适合狭小空间"握手楼"外设逃生通道需求，同时还能解决逃生者恐高心理，有效防止高空坠亡事故发生。

图 6-20　新型弓字形户外逃生梯

（2）新型老年人护理床

在日常消防监督检查中，发现不少养老机构普遍存在失能老人疏散困难的问题，火灾发生时无法第一时间安全疏散。为解决这一难题，研发了新型老年人护理床，功能上能实现床和轮椅组合设计，如图 6-21 所示。在紧急情况下床和轮椅能够迅速拆分，迅速将老人转移到轮椅上方，在疏散楼梯上轮椅借助自带履带，在单个护工人员辅助下能轻松上下楼梯行走，为失能老人安全疏散提供便利。该新型老年人护理床实现了传统老年人护理床与改进轮椅的组合设计，确保发生火灾后护理人员能迅速将老人疏散到安全区域，保证了养老院的消防安全环境，有效解决目前面临的失能老人无法安全疏散转移的技术难题。

（3）便携式消防疏散诱导标志

图 6-22 所示是便携式消防疏散诱导标志，它适用于黑暗、充满浓烟的室

图 6-21　新型老年人护理床

内救援场所，由消防人员在进入时快速安装于通道壁，可提供发光箭头指示标志、疏散提示语音、凸出的箭头形状、激光衍射指示标志等复合指示方式，为火灾条件下的应急疏散提供基于视觉、听觉、触觉和复合感官的多种疏散诱导指引。

图 6-22　便携式消防疏散诱导标志

（4）声音导向疏散装置

图 6-23 所示是声音导向疏散装置，它基于特殊频率音频信息，不受视线遮挡和环境噪声的影响，弥补了常规疏散指示标志受烟气遮挡而失效的不足，可安装于安全出口上方，为紧急情况下人员疏散提供方向引导。

该装置具有如下特点：①定位准确率≥90%；②3m 处最大声强≥75dB；③方向分辨率≤±5°；④可发出特定频率的宽频音及语音，准确告知人群疏散方向；⑤语音文件经创新技术处理，扬声器选型经试验测试，产品宽频发声性能好；⑥具有疏散通道内相邻装置间的协同发声模式；⑦可依据现场噪声强度自适应调节声强，内置多种语音及导向音发声模式，便于现场调试。

图 6-23　声音导向疏散装置的主机（左）和声音传导装置（右）

（5）手提式强光照明灯

针对灭火救援工作在浓烟、黑夜或者断电的情况下实施时，消防人员配备的照明灯普遍存在穿透烟雾能力差、工作时间短、便携与防爆性不好等问题，开发了手提式强光照明灯产品，如图 6-24 所示。该产品具有足够亮度，光程5m 点亮 10min 照度可达 750lx；可调节远光和近光，充满电后远光可持续8h，近光可持续 16h；光束具有边缘光，可有效扩大可视面积；具有频闪功能；耐磨、防滑、抗冲击、抗震、防水、防爆，外壳防护等级为 IP65；电池可拆卸，使用寿命超长，并且具有电量指示功能。产品同样适用于海拔4000m 左右地区，经测试无明显衰减。

图 6-24　手提式强光照明灯

（6）应急救援用金刚石串珠绳锯装备

应急救援用金刚石串珠绳锯装备是一种安全、高效、便携的新型切割破拆救援装备，如图 6-25 所示，具有破拆范围广、破拆对象体积大、破拆过程安全性高、安装与拆卸迅速、可干式切割等优点。该装备能快速切割钢筋混凝土、石块、金属、非金属等各种材料，可供用于处置地震、建筑倒塌、泥石流等灾害事故，破拆大尺寸钢筋混凝土梁柱、山石、钢结构等，还可用于处置汽车、动车、船舶、航空等交通事故，破拆汽车、动车、飞机、船舶等的外壳，能够极大地提高消防人员处置大型应急救援事故、破拆大体积障碍物的作战能力。

图 6-25　应急救援用金刚石串珠绳锯装备

该装置的主要功能特点包括：①破拆范围广、破拆对象体积大。能广泛切割钢筋混凝土、石块、金属、非金属以及混合材料等各种材料，且破拆对象的最大周长可达 10m，能满足破拆各种大体积障碍物的需求。②破拆过程安全性高、操作方便。破拆过程震动小，可有效避免破拆对象的二次坍塌；破拆面平直，可有效避免误切割；实现远程控制，不需手持操作，减轻了劳动强度；采用液压控制，扭矩高时转速自动降低，避免金刚石串珠绳过载。③安装与拆卸迅速、方便，便于携行和运输。两个机动泵可通过液压管快速连接，运输时可分开，降低了单个动力源的重量和体积，便于上下消防车，也可推行。装备主体可快速拆解，减小了单个部件的重量和体积，使用时也可快速拼装。④干式切割。采用钎焊金刚石串珠绳技术，切割时不需加水冷却。⑤采用汽油机驱动。燃料为汽油，事故灾害现场易于取得。

（7）　VR火场求生训练体验系统

为了解决传统消防科普教育过程中无法开展火场求生体验训练的问题，基于沉浸式消防安全教育游戏的设计理论，利用 Maya/3Dmax 软件搭建真实场景的三维模型，基于 Unity 平台进行虚拟现实场景的交互功能开发，依据 VR 眼镜进行场景的功能关联，研发出包含火灾烟气危险性、常见消防安全标志、火灾逃生疏散图以及地铁和校园等火灾案例的多人 VR 火灾模拟逃生体验系统，如图 6-26 所示。

图 6-26　VR 火灾模拟逃生体验系统

该系统以实际火灾案例为背景，开发制作了以"逃生一定要捂湿毛巾吗？""发生火灾一定要跑吗？""灭火器到底能灭多大的火？""火场里除了火还有什么？""逃生途中遇火场怎么办？"为课程的火场求生训练内容，将抽象的理论知识、灭火器使用和逃生训练等内容在 VR 场景里进行模拟。通过多媒体系统进行课堂教学，教师通过手持平板或电脑对所有学生的 VR 学习终端进行控制，同步管理 VR 终端设备和课程体验训练进程，极大地提高了消防安全教育质量。该系统适用于消防安全教育培训中的灭火训练教学，已应用于国内相关消防科普教育基地和体验馆。

（8）消防通信装备应急供电装置

图 6-27、图 6-28 所示的消防通信装备应急供电装置，能够为多种消防通信装备提供电力保障，适用于消防救援队伍在环境极端恶劣、无后援保障情况下灭火与应急救援实战。该装置具有接口丰富、容量大、现场应用简便、能源形式多样、充电效率高等特点，并具有防水、防尘、防腐、防震、便携等防护特性，符合重特大灾害事故现场使用要求，可为超短波手持台、短波电台、卫

图 6-27　应急供电装置的储能箱和
太阳能电池

图 6-28　应急供电装置的配件箱
（镁金属空气电池、手摇发电机、
移动储能模块等）

星便携站等多种消防通信装备供电。该装置不污染环境，可移动性强，放置数年都不需维护，非常适合在野外环境应急救援实战。

该装置由太阳能电池、人力发电机、镁金属空气电池、储能箱等部分组成。其中，太阳能电池采用薄膜太阳能电池技术，具有电能转化率高、重量轻、可级联等特点。镁金属空气电池加入自来水、井水、雨水、河水，甚至污水等与普通食盐配制的盐溶液后即可产生电能，可为对讲机、手机等小型通信终端充电或供电。储能箱具有电池容量高，电压、功率与接口丰富，充电方式灵活等特点，低温型储能箱采用低温锂电池技术，结合自加热功能，可在冬季严寒地区使用。其主要技术参数如表 6-2 所示。

表 6-2　消防通信装备应急供电装置的主要技术参数

序号	名称	性能指标
1	电池容量	电池容量 600W·h，耐低温－40℃（低温型），采用红外自加热技术
2	质量	小于 10kg
3	输出电压及功率	AC 220V(300W)、DC 5V(5W)、DC 5V(10W)、DC 12V(36W)、DC 12～35V 可调(36W)
4	手摇发电机输出电压	3V、5V、9V、12V、24V
5	镁金属空气电池输出电压及功率	5V、3W

（9）新型地下应急通信装备

图 6-29 所示的新型地下应急通信装备，是基于 Mesh 多跳组网技术研发的，用于解决地下多层复杂建筑环境内现场音视频传输难题的消防应急装备。

它基于动态感知的智能组网、融合 MIMO 与 COFDM 的宽带无线通信、智能频谱扫描等技术，有效增强复杂地下建筑环境内非视距条件下的无线信号纵向组网能力，提高信号绕射和抗干扰效果。基于多因素联合研判机制，利用组网拓扑、信号强度、故障诊断等相融合的通信链路可视化监测技术手段，实现中继部署位置的辅助选取，提高装备展开部署效率。

图 6-29　新型地下应急通信装备

该应急通信装置主要由 Mesh 单兵终端、Mesh 中继台、便携式通信指挥箱三部分组成，支持 580MHz 和 1.4GHz 两个主流通信频段，自组网节点数不小于 50 个，峰值速率不低于 70Mbps，6 跳级联后带宽不小于 2Mbps，单天线发射功率 1W，整机续航时间大于 6h，具有高集成、高可靠、便携、易操作等实用性特点，可快速构建移动应急通信网络，实现地下作业层与地面指挥员间的音视频信息双向传输，适用于地下停车场、地下商业街、地铁换乘站等复杂地下建筑场景开展消防应急通信保障。

（10）面包屑应急救援指挥系统

图 6-30 所示的面包屑应急救援指挥系统，由数据后台软件、自组网基站、面包屑颗粒和战斗员装备四部分组成。其中，战斗员装备包含智能音视频终端、无线呼救器、智能空呼表、气体检测仪、心率腕带和鞋垫式定位装置。该系统解决了高层、地下及密闭空间数据传输和通信问题；可精准追踪救援人员位置和路线、实时监测救援人员体征状态和灾场环境态势；可辅助指挥人员部署指挥救援行动。该系统在复杂灾害应急救援领域能够切实保障通信和救援人员生命安全；数据采集更全面、精确；可视化的后台系统能够协助指挥人员实时直观判断灾场态势，下达科学的行动指令，提高了生命搜救作业的精细化、

智能化水平。

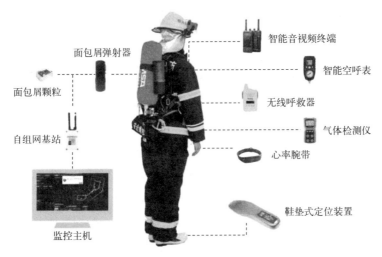

图 6-30 面包屑应急救援指挥系统

该应急救援指挥系统的功能特点有：①追踪消防人员实时位置和轨迹，定位精度≤0.5%；②实时监测消防人员背负空呼压力、运动心率等生命相关数据；③支持多种姿态识别，倒地和静止多种险情感测与自动报警，延迟≤3s；④自动中继部署；⑤监测救援行进路线的烟雾、温度、有害气体数据；⑥回传前场视频画面，多模语音通信，支持大距离纵深指挥对讲；⑦互为中继，解决高层、地下和密闭空间数据传输问题；⑧系统集成度高，携带方便。

思考题

1. 结合本章所学内容，假设你在商场遭遇火灾，应如何借助商场内的安全疏散设施和指示标志顺利逃生？

2. 简述应急照明和普通照明的区别，并概述应急照明的分类。

3. 常见的逃生避难及救生器材有哪些？

第 7 章

建筑火灾火场逃生自救方法

建筑火灾火场逃生自救,是一个需要综合运用火灾理论、烟气蔓延、危险源辨识分析与评估等多方面知识,根据现场火灾类型、建筑类型、火灾发展阶段、消防设施、火场干扰因素,并结合自身身体状况、心理素质及分析、判断和决策能力,对现场复杂情况进行快速分析决策的过程。

7.1 火灾初期的决策与处置

初起火灾也叫初期火灾,即火灾的初期阶段。该阶段可燃物质燃烧面积小,火焰体积小,辐射热不强,火势发展比较缓慢,这个阶段是灭火的最好时机。如发现及时,方法得当,用较少的人力和简单的灭火器材就能很快地把火扑灭。扑灭初期火灾一般遵循以下原则。

① 发现火情,沉着镇定。发现起火时,首先要保持沉着冷静,理智分析火情。如果是在火灾的初期,燃烧面积不大,应争分夺秒,奋力将小火控制、扑灭,千万不要惊慌失措地乱叫乱窜。如果火情发展较快,要迅速逃离现场,向外界寻求帮助。

② 分析火源,围点打援。火灾发生后,应该及时找到起火点,控制火势。例如燃气灶具、电器起火,应立即切断火源、电源,再进行扑救,控制火势蔓延。

③ 设法自救,正确逃生。如果火势较大无法控制,应立即离开现场,切勿贪恋财物,错过逃生最佳时间。发生火灾后,逃生切勿乘坐普通电梯。

④ 小孩老人,逃生要紧。中小学生身体没有发育成熟,分析问题和处理问题的能力相对薄弱,自身保护能力不强,在火场上很有可能因为对危险情况不能进行正确判断和处理而造成不必要的人身伤亡。所以,我国任何单位和个

人都不得组织中小学生参加灭火。对于孕妇、老年人和有较严重身体缺陷的残疾人，一般也不应该组织他们参加灭火。

⑤ 大声呼救，及时报警。"报警早，损失少"，一旦发现火情，既要积极扑救，又要及时报警。拨打报警电话时，接通后要首先确认是不是消防队，得到肯定回答后，即刻报警。

在火灾初期，扑救人员很容易接近起火点近距离、准确地灭火。遇到初期火灾，应迅速、果断、坚决、有效地扑灭。扑灭初期火灾应注意的事项有：a. 若是因用电不当引起火灾，应迅速切断电源；b. 根据火场的具体情况，可分别采用隔离法、冷却法、窒息法、抑制法四种方法灭火；c. 木头、纸张、棉布等物品起火，可以直接用水扑灭；d. 油类、酒精等起火，不能用水扑救，最好用沙土或浸湿的棉被迅速覆盖，隔绝氧气，火苗自然就会熄灭；e. 煤气起火，先用湿毛巾盖住火点，然后迅速切断气源，防止煤气泄漏过多，发生爆炸；f. 救火时不要贸然开门窗，以免空气对流，加速火势蔓延。

发生火灾时的应急处理办法有：

① 冷静面对。当发生火灾时，不要惊慌失措，努力使自己冷静下来，分析眼前的情况，从而做出正确判断。首先，应明确火情，如果火势较小，可以尝试使用自来水、灭火器扑灭火势。其次，如果火势较大不能控制，应及时寻找逃生通道，并及时报警，消防人员早到一刻就多一份生还的希望。

② 迅速扑灭火势。如果身上已有火，不要惊慌，迅速脱掉衣物或扑入水中，也可就地打滚，但不要迅速跑动，因为风会加速火势的蔓延。

③ 寻找防护工具。逃生时为防止烟雾导致中毒、窒息，应选择毛巾、衣物等蒙着鼻子，避免吸入烟雾，由于烟雾一般都飘在上部，所以可以弯腰贴近地面匍匐前进。在冲过火大的地方时，需要找些棉被、毯子等，用水弄湿，披在身上之后再往外冲，以减少自己被烧伤的可能性。

④ 使用灭火器。在对精密仪器进行灭火时，最好使用二氧化碳灭火器，以免损坏仪器，然后应打开窗户通风，以免吸入过多二氧化碳使身体健康受到损害。泡沫灭火器主要用于汽油、煤油、甲苯、固体类火灾，但是不能用于电器类的火灾。

⑤ 寻找逃生通道。寻找逃生通道时要冷静，可先选择逃生楼梯等，这些逃生通道在紧急时刻都有应急灯，可以朝着亮的地方走。不要乘坐普通电梯，因为供电很可能中断，避免困在里面。如果逃生通道被堵，或不能前往，则向

背火的地方去，可选择阳台、窗台等。逃生通道的选择可以多样化，需要自己冷静对待，例如用长绳或布料绑成长绳，从阳台或窗台缓慢沿绳子下到安全的地方，最好用水打湿自制的救生绳。

⑥ 及时准确报警。当发生火灾时，应视火势情况，在向周围人员报警的同时向消防队报警，同时还要向单位领导和有关部门报告。向周围人员报警，应尽量使周围人员明白什么地方着火和什么东西着火，是通知人们前来灭火，还是告诉人们紧急疏散。向灭火人员指明火点的位置，向需要疏散的人员指明疏散的通道和方向。向消防队报警，直接拨打 119 火警电话。拨通电话后，应沉着、冷静，要讲明发生火灾的单位、地点、靠近何处，什么东西着火、火势大小，是否有人被困，有无爆炸危险物品、放射性物质等情况。还要讲清报警人姓名、单位和联系电话号码，并注意倾听消防队的询问，准确、简洁地给予回答。报警后，应立即派人到单位门口或交叉路口迎接消防车，并带领消防队迅速赶到火场。如消防队未到前火势扑灭，应及时向消防队说明火已扑灭。

⑦ 有效隔离。在消防部门到达前，对易引燃易爆的物质采取正确有效的隔离。如切断电源，撤离火场内的人员和周围易燃易爆物及贵重物品，根据火场情况机动灵活地选择灭火器具。

7.2 火场急救基本知识

7.2.1 火场一般急救

火场急救时，第一要务是立即使受伤者脱离危险环境。如遇火焰烧伤，应使伤员迅速脱离着火区域，并尽快脱去已着火的衣服，或用就地卧倒打滚水浇等方法灭火。切忌奔跑、喊叫或用手扑打火焰，以免伤及头部、呼吸道和手部。

如若在火场中不慎烧伤，处理的第一步是尽快消除皮肤受热，具体措施有：①用洁净的水充分冷却烧伤部位；②用消毒纱布或干净布等包裹伤面；③对于呼吸道烧伤者，注意疏通呼吸道，防止异物堵塞；④紧急处理后可使用抗生素药物，预防感染。然后将烧（烫）伤的部位浸泡在冷水或冰水中（或敷以冰块、冰袋），以减轻疼痛和损伤程度。

如遇大面积烧伤，就不能采用冷水浸泡受伤部位，以免引起血管收缩及组织缺氧等副作用，可用洁净的毛巾等将受伤部位包裹或遮盖好。切忌在烧伤部位涂用紫药水、红药水等药物。受伤者口渴时，可口服少量淡盐水，切勿大量口服白开水，以免发生水中毒。在完成上述这些现场处理后，应立即将伤员送至附近医院就诊，由医务人员做进一步处理。

对于化学物品烧伤，当受到酸、碱、磷等化学物品烧伤时，最简单、最有效的处理办法是用大量清洁冷水冲洗伤口处。对于电烧伤，应关闭电源，使伤者脱离电源，转移至通风处，松开衣服；当伤者呼吸停止时，施行人工呼吸；当心跳停止时，施行胸外按压，或注射兴奋剂；进行全身及胸部降温，清除呼吸道分泌物，对伤口进行必要处理。

对于有毒气体防护，用湿毛巾等捂住口、鼻，躬身弯腰向与烟气相反方向的安全出口逃出；中毒者抢救出来后，放在空气新鲜、流通的地方实施抢救；伤员停止呼吸时，应立即进行人工呼吸，有条件的话及时供给氧气，并迅速送往医院。

7.2.2 火场休克急救

火场休克是由严重创伤、烧伤、触电、骨折等的剧烈疼痛和大出血等引起的一种威胁伤员生命、极危险的严重综合征。虽然有些伤不能直接置人于死地，但如果救治不及时，其引起的严重休克常常可以使人致命。休克的症状是口唇及面色苍白、四肢发凉、脉搏微弱、呼吸加快、出冷汗、表情淡漠、口渴，严重者可出现反应迟钝，甚至神志不清或昏迷，口唇肢端发绀，四肢冰凉，脉搏摸不清，血压下降。

预防休克和休克急救的主要方法有：①在火场上要尽快地发现和抢救受伤人员，及时妥善地包扎伤口，减少出血、污染和疼痛。尤其对骨折、大关节伤和大块软组织伤，要及时进行良好固定。一切外出血都要及时有效地止血。凡确定有内出血的伤员，要迅速送往医院救治。②对急救后的伤员，要安置在安全可靠的地方，让伤员平卧休息，并给予亲切安慰和照顾，以消除伤员思想上的顾虑。待伤员得到短时间的休息后，尽快送医院治疗。③对有剧烈疼痛的伤员，要服止痛药。也可以耳针止疼，方法是在受伤相应部位取穴，选配神门、枕、肾上腺、皮质下等穴位。④对没有昏迷或无内脏损伤的伤员，要多次少量给予饮料，如姜汤、米汤、热茶水或淡盐水等。此外，冬季要注意保暖，夏季要注意防暑，有条件时要及时更换潮湿的衣服，使伤员平卧，保持呼吸通畅，必要时还应做人工呼吸。已昏迷的伤员可针刺人中、十宣、内关、涌泉穴以急救。

7.2.3 火场紧急救护常识

掌握一些基本的紧急救护知识非常必要，以便能在紧急时刻出手拯救垂危的生命。火场中的被困者可能受到的伤害有吸入浓烟造成中毒、呼吸道和肺部被炽热浓烟灼伤，一些被困者还可能直接被火烧伤。被抬出火场的伤者可能已进入昏迷或半昏迷状态。做好火场紧急救护，需要从以下3点入手：①解开伤者上衣，暴露胸部，松开皮带以散热；②施救者把手插入伤者颈后将其向上托起，一手按压伤者前额让其头部后仰，使伤者的呼吸道尽量畅通；③将耳贴近伤者口鼻倾听有无呼吸声，观察胸部是否起伏、瞳孔是否放大，检查是否有心跳、脉搏，确认有没有出现心跳和呼吸停止。如果心跳和呼吸停止，需要立刻进行心肺复苏——人工呼吸和胸外心脏按压。

及时进行心肺复苏是急救过程中最为重要的一个环节。在常温下，心跳停止3s伤者感到头昏，10～20s伤者出现昏厥，30～40s瞳孔散大，40s左右出现抽搐，60s后呼吸停止。脑组织对血缺氧十分敏感，在呼吸循环停止4～6min后，脑组织即可发生不可改变性损害。复苏开始越早，存活率越高。大量资料证明：在心跳呼吸骤停4min内进行心肺复苏者可能有一半人被救活；4～6min开始心肺复苏者可能有10%被救活；超过6min开始心肺复苏者可能有4%被救活；10min以上开始心肺复苏者几乎无存活可能。心跳呼吸停止是最紧迫的急症，心肺复苏便是对这一急症所采取的急救措施。一旦确认伤者心跳、呼吸停止，必须争分夺秒进行急救，时间就是生命。

正确进行心肺复苏是抢救的关键。掌握正确的急救方法，首先要懂得心肺复苏的原理。人的心跳停止后，全身血液循环即停止，脑组织及许多主要器官因得不到新鲜氧气和血液供给而将发生细胞坏死。此时，必须在伤者肺内有新鲜氧气进行气体交换的情况下进行胸外心脏按压。因此，实施心肺复苏时，首先要做人工呼吸，再进行胸外心脏按压。

正常人吸入的空气含氧量为21%，二氧化碳为0.04%；肺脏只吸收所吸入氧气的20%，其余80%的氧气从肺脏呼出。因此，当正常人给伤者吹气时，只要有较大的气量，则进入伤者肺内的氧气量是足够的。在伤者心跳呼吸停止后，肺处于半萎缩状态，给伤者做人工呼吸，能在呼吸道畅通的情况下将新鲜空气吹入伤者肺内以扩张肺组织，有利于气体交换。正确进行人工呼吸的方法是：找一块干净的纱布或毛巾，盖在伤者的口部，防止细菌感染。施救者一手捏住伤者鼻子，大口吸气，屏住，迅速俯身，用嘴包住伤者的嘴，快速将气体吹入。吹气应持续 1s 以上，直至伤者胸廓向上抬起。与此同时，施救者的眼睛需观察伤者的胸廓是否因气体的灌入而扩张，气吹完后，松开捏着鼻子的手，让气体呼出，这样就完成了一次呼吸过程。平均每分钟完成 12 次人工呼吸。

如果伤者一开始就已经没有脉搏，或者人工呼吸进行 1min 后还是没有触及，则需进行胸外心脏按压。心搏骤停伤者的胸廓仍具有一定的弹性，胸骨和肋骨交界处可因受压下陷。因此，当按压胸部时，由于胸腔内压力普遍增加，以致胸内压力＞颈动脉压＞头动脉压＞颈静脉压，正是这个压差使血液流向颈动脉，流向头部，然后回流到颈静脉。胸外心脏按压正是利用人体胸腔及心血管系统的这一特点来发挥作用。当进行胸外心脏按压时，用外界的压力将心脏压在胸骨与脊柱之间，心脏内的血液自然向动脉流去，放松时，心脏恢复原状，静脉血被吸回心脏。

胸外心脏按压具体的实施方法：①伤者体位。伤者仰卧于硬板床或地面上，头部与心脏在同一水平，以保证脑血流量。如有可能应抬高下肢，以增加回心血量。②施救者应紧靠伤者胸部一侧，为保证按压力垂直作用于伤者胸骨，并且应根据抢救现场的具体情况，采用站立地面或脚凳上，或采用跪式等体位。③按压部位在胸骨下 1/3 段，沿着最下缘的两侧肋骨从下往身体中间摸到交接点，叫剑突，以剑突为点向上在胸骨上定出两横指的位置，也就是胸骨的中下三分之一交界线处，这里就是按压部位。施救者以一手叠放于另一手手背，十指交叉，将掌根部置于刚才找到的位置，依靠上半身的力量垂直向下压，双手臂必须伸直，不能弯曲，压下后迅速放松。注意事项：必须控制力道，不可太过用劲，因为力道太大容易引起肋骨骨折，从而造成肋骨刺破心肺肝脾等重要脏器。老人的骨质本身就脆，更要加倍注意。按压位置及动作如图7-1 所示。

对于成人，施救者双手伸直，借身体和上臂的力量向脊柱方向按压，使胸廓下陷 4～5cm，尔后迅即放松，解除压力，让胸廓自行复位，使心脏舒张，

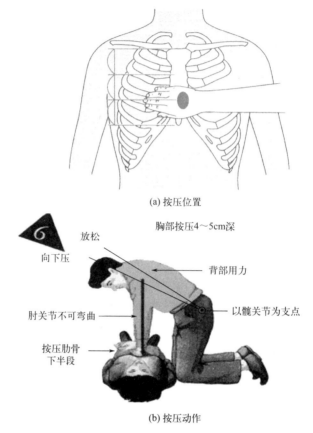

(a) 按压位置

胸部按压4～5cm深

向下压

放松

背部用力

肘关节不可弯曲

以髋关节为支点

按压肋骨下半段

(b) 按压动作

图 7-1　胸外心脏按压位置及动作示意

如此有节奏地反复进行。按压与放松的时间大致相等，放松时掌根部不得离开按压部位，以防位置移动，但放松应充分，以利于血液回流。按压频率为100～120 次/分钟。对于少儿，使患儿仰卧，足部略抬高以增加回心血量。施救者以一手掌根部置于患儿胸骨中下部垂直向脊柱方向施力，使胸廓下陷；如是婴儿，则用一手托住患儿背部，另一手以食、中指进行按压。

　　进行心肺复苏时，还需要注意按压与通气的协调，这样才能够有效促进心肺复苏成功。当现场只有一人进行施救时，吹气与按压次数之比为 2∶15，即连续吹气 2 次，按压 15 次。两次吹气间不必等第一口气完全呼出，2 次吹气的总时间应在 4～5s 之内。若现场有两人同时进行施救，一人负责按压，位于伤者一侧胸旁，另一人位于同侧伤者头旁，负责疏通气管和吹气，同时也负责监测颈动脉搏动，吹气与按压之比为 1∶5。为避免施救者疲劳，二人工作可互换，调换应在完成一组1:5的按压气后的间隙中进行。在按压过程中可暂停按压以核实伤者是否恢复自主心搏，但核实过程和施救者调换所用的时间均不应使按压过程中断5s以上。

在施救的同时也要时刻观察伤者的生命体征。若可触知颈动脉搏动，或伤者意识有所改善，瞳孔对光反应恢复，则表明按压有效。若伤者手足温度有所回升，进一步触摸颈动脉发现有搏动，即可停止心肺复苏，尽快把伤者送往医院进行进一步的治疗。总体心肺复苏的操作流程可根据图7-2做出相应行动。

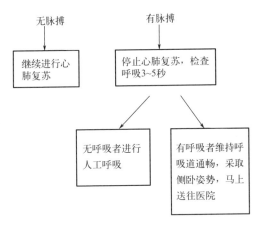

图7-2 心肺复苏操作流程

实施心肺复苏需注意的事项有：①必须确定伤者已经失去知觉，才可实施心肺复苏。②施救注意脱离危险区域。③伤者的体位要处于仰卧位。须位于硬板床或地面上，以确保按压时伤者不摇动。④口对口人工呼吸时吹气量应是成年人深呼吸正常量。⑤做人工呼吸前，为防止疾病传染，可用手帕、纸巾等覆在伤者嘴上进行隔离。并且注意保持伤者的呼吸道通畅，清除呼吸道中的分泌物、泥沙等。有些伤者舌后坠，堵住气道，应该把舌头拉出来。若伤者戴有假牙，人工呼吸前应取下。婴幼儿口鼻比较接近，最好将婴幼儿口鼻一起包含进行人工呼吸。⑥胸外心脏按压应与人工呼吸同步进行。先做2次人工呼吸，再做15次按压，如此类推。按压的姿势：双臂伸直，使用身体的重量均匀地按压。按压要有规律，不要左右摇摆，也不要冲击似的按压。⑦施行急救，须一直做到有呼吸及有脉搏或后续支持到达为止。如伤者意识已清醒，采取侧身休息姿势，等待后续支持到达或送医治疗。⑧没有经验的人士千万不要随便为他人做心肺复苏。

7.3　火灾逃生注意事项

火灾发生难免着急，很容易出现错误的逃生行为。以下火灾中五种常见的错误行为，千万要避免。

① 习惯心理，即原路逃生。公共场所的旅客、顾客、游客对环境不熟，对避难路线不了解，当发生火灾的时候，绝大多数是奔向来时的路线，倘若该通道被烟火封锁，就再去寻找其他入口。殊不知，此时已失去最佳逃生时间。因此，进入公共场所时，一定要对周围环境和安全出口、疏散通道进行必要的了解与熟悉，确保一旦发生火灾可以快速自救逃生。

② 向光心理，向亮的地方跑。在紧急危险情况，人的本能、生理、心理决定，总是向着有光、明亮的方向逃生，但这些地方可能是危险之地。因为火场中，90％的可能是电源已被切断或已造成短路、跳闸等，光和亮之地正是火魔肆无忌惮逞威之处。正确的做法是，在"安全出口"发光指示标志的指引下向最近的安全出口逃生。

③ 从众心理，危急时刻没有自己的判断。当人的生命突然面临危险状态时，极易因惊慌失措而失去正常的判断思维能力，当听到或看到有人在前面跑动时，第一反应就是盲目地紧紧追随其后。常见的盲目追随行为模式有：跳窗、跳楼、逃进厕所、浴室、门角等。

④ 自高而下，习惯往下跑。当高楼大厦发生火灾，特别是高层建筑一旦失火，人们总习惯性认为，火是从下往上着的，越高越危险，越下越安全，只有尽快逃到一层，跑出室外，才有生的希望。殊不知，这时的下层可能是一片火海。特别是只有一条疏散楼梯、不具备防火防烟功能的老旧民房，是非常危险的。不要盲目沿楼梯逃生，可在房间内采取湿毛巾捂口鼻、往门上浇水冷却、往有新鲜空气的阳台躲避等方法，告知119具体位置，等待消防人员救援。

⑤ 冒险跳楼。当选择的路线逃生失败、火势愈来愈大、烟雾愈来愈浓时，人们很容易失去理智，有些人会选择冒险跳楼。即使楼下有救援气垫，一般的气垫也只能承受6层及以下高度，从6层以上高度向救援气垫上跳，相当于没

有安全保护，后果和楼下没有救援气垫就跳楼相差无几。

　　火灾逃生的注意事项有：①平时要确认几条不同方向的逃生路线。②躲避烟火时不要去阁楼、床底。③如果火势不大，要当机立断披上浸湿的衣服、毛毯、被褥快速冲出去，切勿披塑料雨衣。④不要贪恋财物，应尽快逃离火场。⑤在浓烟中避难逃生，要尽量放低身体，并用湿毛巾捂住口鼻。⑥身上衣服着火时，要就地打滚，压灭身上火苗，切勿奔跑。⑦生命受威胁时，不要盲目跳楼，可用绳子或把床单撕成条状连起来，紧拴在门窗框或重物上，顺势慢慢滑下。⑧如果逃生的路被火封锁，应立即退回室内，关闭门窗，堵住缝隙，有条件的向门窗浇水。⑨充分利用房屋里的天窗、阳台、水管或竹竿逃生。⑩高层住户被火围困后，应向室外扔抛枕头等软物或其他小物品，敲击响器，夜间则可打手电，发出求救信号。

　　火灾逃生的禁忌行为有：①忌惊慌失措。发生火灾时，切不可惊慌失措而盲目地起身逃跑或纵身跳楼。要了解自己所处的环境位置，及时地掌握实时火势的大小和蔓延方向，然后根据情况选择逃生方法和逃生路线。②忌盲目呼喊。室内装修材料燃烧时会散发出大量的烟雾和有毒气体，容易造成中毒窒息死亡。所以在逃生时，应用折叠的湿毛巾捂住鼻口，起到过滤烟雾的作用。不到紧急时刻不要大声呼叫或移开毛巾，且须采取匍匐式逃离方式。③忌贪恋财物。逃生时不要为穿衣服或寻找贵重财物而浪费时间，也不要为带走自己的物品而身负重压影响逃离速度，更不要本已逃离火场而又贪财重返火海。④忌乱开门窗。在避难时，切勿打开门窗。如果避难间充满烟雾无法避难时，可打开没有着火一侧的门窗，排放烟雾后立即重新关闭，否则大量浓烟涌入室内，能见度降低、高温充斥，将无法藏身。⑤忌乘坐电梯。一旦着火，电梯就会断电，很有可能将乘坐电梯的人困在电梯内无法逃生。⑥忌随意奔跑。火场上切勿随意奔跑，否则不仅容易引火烧身，而且还会引起新的燃烧点，造成火势蔓延。如果身上着火，应及时脱去衣服或就地打滚进行灭火，也可向身上浇水，或用湿棉被、湿衣物等把身上的火熄灭。⑦忌方向错误。因为火势是向上燃烧的，经过装修楼层火势向上的蔓延速度一般比人向上逃生的速度还快，因而需从高处向低处逃生。如不得已可就近逃到楼顶，但要站在楼顶的上风方向。⑧忌轻易跳楼。如果火灾突破避难间，在根本无法避难的情况下，也不要轻易跳楼，此时可扒住阳台或窗台翻出窗外，以求绝处逢生。

7.4 火灾逃生案例

（1）某商厦火灾逃生

李某是某商厦火灾的成功逃生者，他在火灾中不仅成功自救，还救出其他七个成年人和一个孩子。当天，李某来到位于商厦三层的洗浴中心洗澡，洗到一半时，突然发现停电了。得知是商厦一楼起火，造成的停电。由于发现火种和报警时间晚，最初只是商厦北侧电器仓库一个烟头燃起的火种，因为没有得到及时控制，很快蔓延到商厦一楼的小商品市场。火势迅速蔓延，瞬时间，堆满小商品、化妆品等易燃物的一、二楼已经变成一片火海。

李某和妻子顺着楼道往下走，浓烟很快包围了他们，奔跑中不断有人倒下。这时李某发现，大火已经完全切断了楼道这条生路。此时，唯一可以逃生的出口就是窗户，李某用竹枕打碎了玻璃，组织大家逃生。他们几个人找到一些床单，系成了一条长绳，就这样，勇敢的曹女士第一个顺着系好的床单滑了下去。但由于床单太细又太滑，意外再一次发生，床单断了。尽管危险，但这是此时唯一的逃生办法，于是对床单进行了加固，大家继续顺床单滑下。这时，救援人员已经赶到，云梯架到了李某脚下。李某又一次上到三楼，营救孩子。由于李某的沉着机智和正确的逃生方法，李某夫妇以及他所救的七个成年人及一个孩子都成功脱险。这时候，因腿部骨折困在二楼的刘某还处在危险当中。大火和浓烟不断扑过来，刘某几乎陷入绝望之际，他突然看到了生机！他发现附近有条绳索。刘某及其他十几人，通过绳索，也陆续从火灾中成功逃生。

从上述人员成功逃生的案例可以看出，逃生时沉着冷静最重要。虽说火场烟雾弥漫，刺激呼吸道，引起人体生理上的极大不适，需要迅速脱离火场，但是也要注意方法，不可鲁莽行动。一些必要的防护手段可以发挥关键作用，比如李某利用床单做成缓降绳索，刘某用湿毛巾捂住口鼻，都是火场自救比较行之有效的方法。

（2）某商学院火灾逃生

某商学院，学生宿舍楼602室冒出浓烟，随后又蹿起火苗，屋内6名女生被惊醒。离门较近的2名女生拿起脸盆冲出门外到公共水房取水，另4名女生则留在房中灭火。然而，当取水的女生回来后，却发现寝室门打不开了。因为火场温度高，木制的寝室门被烧得变了形，被火场的气流牢牢吸住了。

不一会儿，大火越烧越旺，4 名穿着睡衣的女生被浓烟逼到阳台上。蹿起的火苗不断扑来，吓得她们惊声尖叫。隔壁宿舍女生见状，忙将蘸过水的湿毛巾从阳台上扔过去，想让被困者蒙住口鼻，争取营救时间。宿舍楼下，大批被紧急疏散的学生纷纷往楼上喊话，鼓励 4 名女生不要慌乱，等待消防人员前来救援。可是，在凶猛的火魔面前，4 名女生逐渐失去了信心。又一团火苗蹿出后，一名女生的睡衣被烧着了，惊慌失措的她大叫一声，从 6 楼阳台跳下，摔在底层的水泥地上。看到同伴跳楼求生，另两名女生也等不及了，顾不得楼下男生们"不要跳，不要冲动"的提醒，也纵身一跃，消失在众人的视野中。3 名同伴先后跳楼，让最后一名女生没了主意。她在阳台上来回转了好几圈后，决定翻出阳台跳到 5 楼逃生。可她刚拉住阳台外栏杆，还没找准跳下的位置，双臂已支撑不住，一头掉了下去。

与此同时，滚滚浓烟灌进了隔壁 601 寝室，将屋内 3 名女生困在阳台上。所幸消防人员接警后及时赶到，强行踹开宿舍门，将女生们救了出来。此时，距 4 名女生跳楼求生不过几分钟时间。

学生宿舍等居住场所，衣服、被褥等易燃品多，一旦着火，火势发展速度快，救援灭火仅能在初起的短暂时间内发挥作用，如果不能迅速灭掉，应迅速撤离。上述案例中，几位学生在火灾发生初期采取了一定程度的灭火行动，然而灭火不成功，火势迅速扩大，几位学生没有第一时间逃离现场，而是在邻近火场的阳台区域等待救援。在等待救援时出现惊慌失措的情况，造成严重后果。

（3）某大学深夜宿舍火灾逃生

某大学发生火灾，留学生郑某凭着自己从电视电影中学到的常识，成功逃离火海。他回忆当时大概是当地时间凌晨 1 点的样子，刚刚和同学通完电话躺下不久，就听到外面隐约有人在喊"着火了，着火了!"，抬头看到窗外有火光和烟雾。此时火势已经蔓延到通道了，郑某根本无法跑下去，只能又回到寝室里。当他看到床上有很多被单、床单等，就把所有的床单、被套和窗帘等接在一起，连成一根长绳子，然后把窗玻璃打破，把绳子的一头系在窗栏上，沿着绳子爬到二楼，然后就跳了下去，当时和他一起逃离火场的共有 5 名留学生。白某也是此次火灾成功的逃生者，他的宿舍位于学校宿舍楼的最顶层——5

层。火灾发生后，机智的白某没有惊慌，一直趴在地板上，并将湿毛巾捂住鼻口，直到消防车的云梯伸进窗口才成功逃离火场。

上述成功逃生的案例，表明了面对火灾沉着冷静的重要性，身处火场冷静思考总能想到一些应对之策，以尽可能减少自身遭受高温烟气伤害。

（4）某酒楼早餐店火场自救

某酒楼着火，119指挥中心接到房子着火的警情后，立即调派出3辆消防车、15名官兵赶赴现场处置。着火现场是6层建筑，2～6层为小区住户，一楼为临街酒楼，正黑烟滚滚。经询问知情人得知，酒楼一楼做早餐的角落着火，火场内部卫生间还有一小孩被困。现场指挥员当即下令：第一中队出动警力到2～6楼疏散居住群众；第二中队三班车负责现场的照明和警戒，二班车负责给一班车供水并寻找水源，保证供水不间断，主战车利用单干线出水，掩护内攻人员进入火场搜救被困人员。

救援官兵一边疏散楼上居住群众，一边进入火场搜救被困人员。现场指挥员朱某在进入火场端开卫生间门时发现，厕所内所有水龙头、花洒全部被打开，蹲厕口被一拖把堵住，厕所已积水30cm，有效地防止了火场烟雾蔓延进厕所。被困女孩蜷缩在花洒下、流水水龙头旁，并用身体堵住下水道出口。朱某立即抱起女孩往外冲。他和女孩刚到安全区域，身后的天花板就塌落了。后经询问得知，被困女孩今年只有9岁，早餐店着火时，她正在卫生间，她赶紧打开卫生间的水龙头、花洒进行自救并等待救援。

上述火灾案例也是一起典型火场自救案例，女孩沉着应对，借助花洒取水隔烟降温，成功坚持到了消防救援力量的到来。面对建筑火灾，保持沉着冷静思考至关重要，借助周围物件进行逃生或者自救，可在关键时刻起到保命作用。面对火灾等突发情况，如何才能做到镇定自若、保持清醒头脑，这就需要在日常工作生活中做好知识储备与经验积累，熟悉疏散通道的位置、掌握常见逃生救生器械的使用方法、具备一些必要的急救技能与逃生自救能力。

思考题

1. 请简述如何应对初期火灾。

2. 请简述心肺复苏的要点及流程。

3. 结合本章所学，试分析当火灾发生时，应当如何正确救人和自救。

附录

常用建筑防火设计标准

序号	标准名称
GB 50016—2014	建筑设计防火规范（2018 年版）
GB 55037—2022	建筑防火通用规范
GB 50222—2017	建筑内部装修设计防火规范
GB/T 51410—2020	建筑防火封堵应用技术标准
GB/T 29416—2012	建筑外墙外保温系统的防火性能试验方法
GB 51249—2017	建筑钢结构防火技术规范
GB 55036—2022	消防设施通用规范
GB 50067—2014	汽车库、修车库、停车场设计防火规范
GB 50084—2017	自动喷水灭火系统设计规范
GB 50015—2019	建筑给水排水设计标准
GB 50974—2014	消防给水及消火栓系统技术规范
GB 51251—2017	建筑防烟排烟系统技术标准
GB 51309—2018	消防应急照明和疏散指示系统技术标准
GB 50116—2013	火灾自动报警系统设计规范
GB 50140—2005	建筑灭火器配置设计规范
GB/T 40248—2021	人员密集场所消防安全管理
GB/T 38315—2019	社会单位灭火和应急疏散预案编制及实施导则
GB 50368—2005	住宅建筑规范

参考文献

[1] 詹姆士 G. 昆棣瑞. 火灾学基础 [M]. 北京：化学工业出版社，2010.

[2] 王信群，黄冬梅，梁晓瑜. 火灾爆炸理论与预防控制技术 [M]. 北京：冶金工业出版社，2014.

[3] 中华人民共和国公安部. 建筑设计防火规范（2018年版）. GB 50016—2014 [S]. 北京：中国计划出版社，2015.

[4] 中华人民共和国住房和城乡建设部. 消防应急照明和疏散指示系统技术标准 GB 51309—2018 [S]. 北京：中国计划出版社，2018.

[5] 张洪杰，韩军，幸福堂，等. 建筑火灾安全工程 [M]. 徐州：中国矿业大学出版社，2019.

[6] 李斌. 防火与防爆工程 [M]. 哈尔滨：哈尔滨工业大学出版社，2016.

[7] 张旭，叶蔚，徐琳. 城市地下空间通风与环境控制技术 [M]. 上海：同济大学出版社，2018.

[8] 何培斌，栗新然. 民用建筑设计与构造 [M]. 3版. 北京：北京理工大学出版社，2019.

[9] 吴龙标，袁永宏，疏学明. 火灾探测与控制工程 [M]. 2版. 合肥：中国科学技术大学出版社，2013.

[10] 张英华，高玉坤. 防灭火系统设计 [M]. 北京：冶金工业出版社，2019.

[11] 徐友辉，李晓楼. 建筑材料 [M]. 北京：北京理工大学出版社，2020.

[12] 陈长坤，秦文龙，童蕴贺，等. 突发火灾下人员疏散心理及行为的调查与分析 [J]. 中国安全生产科学技术，2018，14（8）：35-40.

[13] 谢启苗，王焘，王维莉. 考虑恐慌心理的人员疏散模型 [J]. 中国安全科学学报，2022，32（7）：180-187.

[14] 易玉枚，刘彬，武甜恬，等. 高校火灾大学生疏散行为及心理特征分析 [J]. 安全，2022，43（1）：18-25.

[15] 李丽华. 高层建筑应急疏散中个体与小群体行为研究 [D]. 北京：清华大学，2016.

[16] 傅丽碧. 考虑人员行为特征的行人与疏散动力学研究 [D]. 合肥：中国科学技术大学，2017.

[17] 曾益萍. 建筑楼梯间行人疏散实验与模拟研究 [D]. 合肥：中国科学技术大学，2018.

[18] 高国平. 建筑内人员疏散的行为特征与疏散环境研究 [D]. 武汉：武汉理工大学，2018.

[19] 颜峻. 电气防火技术 [M]. 北京：气象出版社，2021.

[20] 徐凯. 大学生健康与安全教育 [M]. 西安：西安电子科技大学出版社，2016.

[21] 闵永林. 消防装备与应用手册 [M]. 上海：上海交通大学出版社，2013.

[22] 王永强，林德健，王建军. 油气田常用安全消防设施器材的使用与维护 [M]. 成都：西南交通大学出版社，2019.

[23] 中国消防协会. 灭火救援员初级技能 [M]. 北京：中国科学技术出版社，2013.

[24] 消防救援人员业务训练系列教材编委会. 消防员灭火救援实用理论 [M]. 上. 上海：上海科学技术出版社，2019.

[25] 陈祖朝. 家庭突发事件应急救助 [M]. 2版. 北京：中国环境出版社，2016.

[26] 薛思强，李野. 消防安全必知读本 [M]. 天津：天津科技翻译出版公司，2019.

[27] https://xfkj.119.gov.cn/#/home.

[28] 王长珍. 浅谈最新的心肺复苏操作流程及评分表 [J]. 中国保健营养，2012，22（10）：1725-1726.

JIANZHU XIAOFANG ANQUAN YU
HUOCHANG ZIJIU

建筑消防安全与
火场自救

ISBN 978-7-122-44531-5

9 787122 445315 >

定价：48.00元